养生豆腐养生菜

追溯源远流长的豆腐文化。

感叹从豆子到豆浆、豆腐、豆皮、腐乳的神奇变化。

品味美味佳肴及其背后的美丽故事。

享受养生豆腐养生菜带来的健康人生。

格润生活·编著

青岛出版社

QINGDAO PUBLISHING HOUSE

 转化的魔力

很少有一种食物能拥有豆腐那样的魔力，承载了那么多转化的意义。由豆子转化成豆腐再转化成美味佳肴，这是一个化普通为神奇的过程。

豆腐的第一个神奇转化是形态的转化。将普通的豆子研磨成豆浆，再经过熬煮，分离出豆渣，最后点卤水、挤压成型，变成豆腐，这是从液体到固体的转化过程。如果你认为这样就结束了，那你就大错特错了。古人在劳动中凝聚了超常的智慧，他们赋予豆腐各种呈现形态：有加入各种卤料卤制而成的臭豆腐；有通过发酵，使豆腐长出一层白毛的毛豆腐；有放在寒冷的室外，冻成千疮百孔的冻豆腐；有点过卤水而未挤压成型的吹弹可破的豆腐脑。正是这些异彩纷呈的豆腐，吸引了一大批"粉丝"，我就是其中之一。

闻起来臭吃起来香的臭豆腐让许多人望而却步，而我却乐此不疲。街边的小摊位，摊主将卤制好的臭豆腐放入油锅，煎至两面金黄后盛碗、浇汤汁、加配料，有条不紊，每一道工序都不可或缺。上至权贵富贾，下至贩夫走卒，喜好这口者，都得按照先后顺序耐心候着。将浇好卤汁的臭豆腐放入口中，越嚼越香，这是不喜欢臭豆腐的食客难以理解的。我就曾经见过一位开豪车的大叔，将车停在路边臭豆腐摊位前，一口气吃了四碗后才心满意足地开车离去，也许这就是豆腐转化的魅力吧。

豆腐还有一个神奇转化就是味道的转化。豆腐本身没有浓郁的味道，但是它却能以博大的胸怀去拥抱其他味道。最为典型的就是我国东北的冻豆腐。在东北，人们在冬季有吃冻豆腐的习惯。主妇将豆腐切块放在室外，一晚上就将豆腐冻得千疮百孔、硬邦邦的。冻豆腐一定要炖着吃，与白菜和肉是绝配，否则就吃不出它的精髓。白菜手撕成条，五花肉切大片，粉丝泡软，如果加入海带，味道更佳。取一口大锅，五花肉下锅炸出油，然后用葱、姜、蒜爆锅，依次放入白菜、粉丝、调料等，加入骨头汤，汤沸后放入冻豆腐，热气腾腾的汤汁就这样钻了豆腐中，吸收了汤汁的豆腐也变得柔润丰腴起来。捞一块冻豆腐放入口中，豆腐中留存的汤汁在唇齿咬合间在口中四溅开来，浓郁的味道在味蕾上蔓延，回味无穷。

我钟爱豆腐，不仅因为它拥有神奇的转化魔力，更因为它拥有海入百川的胸怀。

 目 录

调料量取说明

为了方便使用，增加可操作性，本书统一使用大勺、小勺量取调料：

1大勺≈15克

1小勺≈5克

第一篇 小身材　大营养

第二篇 经典豆肴　舌尖诱惑

第三篇 家常豆肴 爽口爽心

原汁原味
凉拌菜 >>

豆浆鳜鱼 / 119

豆浆炖羊肉 / 121

顺滑鲜嫩
蒸最鲜 >>

香油火腿 / 123

五香素鸡 / 125

虾皇豆腐饺 / 127

桂花豆腐 / 129

咸鱼干蒸豆腐 / 131

酱肉蒸白干 / 133

开胃香干 / 135

清蒸臭豆腐 / 137

虾干臭豆腐 / 139

酥香味浓
煎烤炸 >>

香葱煎豆腐 / 141

酱香五彩豆腐 / 143

脆皮素烧鸭 / 145

软炸腐竹 / 147

农家臭豆腐 / 149

脆炸银芽 / 151

豆芽丸子 / 153

脆炸豆奶条 / 155

热油急火
家常炒 >>

粒粒香豆腐 / 157

臭豆腐炒肉丝 / 159

韭干炒鸡条 / 161

香干炒蒜薹 / 163

雪菜炒豆干 / 165

鱼香豆腐皮 / 167

橘香豆干 / 169

臭干炒金钩 / 171

豆豉炒鸭块 / 173

乳香肉蟹 / 175

软炒豆浆 / 177

汤汤水水
汤羹煲 >>

芙蓉豆腐 / 179

韩式嫩豆腐锅 / 181

金蒜臭豆腐煲 / 183

蘸碟豆花 / 185

酸辣腐竹汤 / 187

金钩挂玉牌 / 189

酸汤绿豆丸 / 191

第一篇

小身材

大营养

　　由普普通通的豆子变成豆制品，期间神奇的转化令人赞叹。本篇是关于豆制品的那些事儿，介绍了豆制品的生产历史、种类、传奇故事以及保健功效等。

豆制品生产历史悠久

我国豆制品的生产、经营和消费历史非常悠久。豆腐的制作历史可追溯到汉朝，据说它是公元前2世纪由淮南王刘安所创。以豆类制成的酱油、豆腐、豆浆、豆腐乳、腐竹、豆芽等豆制品富含植物蛋白，是国人餐桌上的传统副食品。

豆制品的制作技术和食用方法在我国古书中均有记载。明朝罗欣在《物原》中提到，西汉书籍有对刘安做豆腐的记载。明朝李时珍在《本草纲目》中说"豆腐之法……凡黑豆、黄豆、白豆、泥豆、豌豆、绿豆之类，皆可以为之"。造法为"水浸、粉碎、滤去渣，以盐卤汁或山矾汁或醋浆、醋淀，就釜收之；又有入缸内以石膏末收者。大抵得咸、苦、酸、辛之物，皆可收敛尔。其上面凝结者，揭取晾干，名曰豆腐皮"。

许多发酵豆制品的制作也起源于我国。如豆腐乳的制作，距今已有1000多年的历史。据史料记载，在公元5世纪的魏代古籍中，就有关于豆腐乳生产工艺的记载，"干豆腐加盐成熟后为腐乳"。到了明代，我国已开始大量加工制作腐乳。比较早地详细记载豆腐乳制作方法的是明代李日华的《蓬栊夜话》和清代朱彝尊的《食宪鸿秘》两书。明朝万历年间，我国江浙一带已成为豆腐乳的主要产地。到了清代，豆腐乳的生产规模和生产技术水平有了很大发展。又如豆豉，在我国秦朝以前就有生产；在北魏时期贾思勰所著的《齐民要术》中已记载豆豉的制作方法。它是我国四川、湖南、江苏、广东等地区的主要发酵豆制品之一。再如，用豆类酿造酱油及酱类在我国起源也很早，2000多年前的《论语·乡党篇》中有"不得其酱不食"的记载，《齐民要术》中，具体记载了利用微生物制酱的方法。

由于各地气候条件、地理条件和人们的饮食习惯不同，我国的豆制品花样繁多，出现了许许多多各具特色的地方产品，如安徽淮南的八公山豆腐、浙江宁波的嫩豆腐、江苏扬州的老豆腐、山东泰安的神豆腐等，此外还有广西桂林的三边腐竹、安徽安庆的茶干、浙江绍兴柯桥豆腐干、北京王致和臭豆腐、四川郫县的豆瓣酱、湖南的豆豉等。

豆制品家族成员多

豆制品是指以大豆、小豆、绿豆、豌豆、蚕豆等豆类为主要原料，经过加工得到的产品。传统豆制品分为发酵豆制品和非发酵豆制品。

发酵豆制品

是豆类由一种或几种特殊的微生物经过发酵得到的产品，产品具有特定的形态和风味，主要包括以下各类。

酱油和豆酱

酱油：如香菇酱油、虾子酱油、特鲜酱油、营养酱油、忌盐酱油等。

豆酱：如辣豆酱、牛肉辣酱、猪肉辣酱、香肠辣酱、火腿辣酱、虾辣酱等。

豆豉、入豆和各种发酵豆等

豆腐乳

如红腐乳、白腐乳、青腐乳、酱腐乳、辣味腐乳、糟方腐乳、霉香腐乳等。

非发酵豆制品

　　是指以大豆或其他豆类为原料，经过筛选、清洗、浸泡、磨浆、除渣、煮浆及成型工序而得到的产品。产品的状态是蛋白质凝胶，或再经卤制、熏制、干燥等工艺制成的蛋白质凝胶，主要包括以下各类。

豆腐

　　如黄豆腐、黑豆腐、杂粮豆腐、花生豆腐、山药豆腐等。

半脱水豆制品

　　如百叶、千张、干豆腐、白干等。

卤制品

　　如五香干、兰花干、菜干、茶干、豆腐丝、豆腐片等。

熏制品

　　如熏干、熏豆腐、熏素鸡、熏素肚、熏素肠等。

豆淀粉蒸煮制品

　　如凉粉、粉鱼、素灌肠等。

炸卤制品

　　如素什锦、素鸡、素肚、素火腿、素卷、素虾等。

干制品

　　如腐竹、豆棒、豆腐衣、豆腐皮、豆笋等。

干燥制品

　　如粉丝、粉条、宽粉、细粉、粉皮以及淀粉等。

豆制品得来有传奇

传说豆腐为刘安所创造

豆腐又名"黎祁"，《本草纲目》《天禄识余》及李诩《戒庵老人漫笔》中均有记载。被誉为"国菜"的豆腐，其制法传为汉淮南王刘安所创，距今已2000多年。

公元前164年，刘安继承了父亲的王位，被封为淮南王。刘安为人好道，为了求得长生不老之药，不惜重金，广泛招请江湖方术之士炼丹修身。一天，有八个白发苍苍的老者登门求见，并介绍了自己的本领：画地为河、撮土成山、摆布蛟龙、驱使鬼神、来去无踪、千变万化、呼风唤雨、点石成金等。刘安看罢大喜，立刻拜八公为师，一同在都城北门外的山中苦心修炼长生不老仙丹。

当时淮南一带盛产优质大豆，这里的山民自古就有用山上珍珠泉水磨制豆浆作为饮品的习惯，刘安每天早晨总爱喝上一碗。一天，刘安端着一碗豆浆，在炉旁看炼仙丹出神，竟忘了手中端着的豆浆，手一抖，豆浆泼到了炼丹炉旁的一小块石膏上。不多时，那块石膏不见了，豆浆却变成了一摊白生生、嫩嘟嘟的东西。刘安大胆地尝了尝，觉得很是美味可口。可惜太少了，能不能再造出一些让大家来尝尝呢？刘安就让人把他没喝完的豆浆连锅一起端来，把石膏碾碎搅拌到豆浆里，一时又结出了一锅白生生、嫩嘟嘟的东西。在炼仙丹这件事上，刘安虽是以失败告终的，但却偶然以石膏点豆浆，做出了"白如纯玉，细若凝脂"的豆腐。

王致和臭豆腐美名扬

臭豆腐要数北京王致和的最为有名。王致和原本是安徽的举人，康熙八年（1669年）进京赶考，落第后滞留京城。为谋生计，他做起了豆腐生意，同时刻苦攻读，以备再考。盛夏的某一天，他做的豆腐没卖完，他担心变质，便切成四方小块，配上盐、花椒等作料，放入一口小缸里腌制。此后，他就一心攻读，时间一长，渐渐把此事忘了。

秋凉后，王致和重操旧业，猛地想起那一小缸豆腐，连忙打开，哪曾想臭味扑鼻，定睛一看，豆腐已变成青色。就此丢弃实在可惜，于是他大着胆子尝了一下，不料这些豆腐别具风味，于是分给邻里品尝，结果无不称奇，因气味较臭，于是就将其称为臭豆腐。

王致和由于屡试不中，遂尽心经营起臭豆腐来。清末，臭豆腐传入宫廷御膳房，成为慈禧太后喜爱的一道小菜。慈禧还赐名"青方"，使之身价倍增。清末状元孙家鼐写了两幅藏头对，其一曰"致君美味传千里，和我天机养寸心"，另一幅是"酱配龙蟠调芍药，园开鸡跖钟芙蓉"，冠顶读为"致和酱园"。

煮豆浆偶得腐竹

腐竹起源于唐朝，距今已有1000多年的历史。腐竹是中国人十分喜爱的一种传统豆制品，在全国各地均有生产。你知道这腐竹是怎么来的吗？传说有一位农民在制作豆腐烧豆浆时，因为豆浆煮得时间太长，上面结了一层皮。于是他用手捏起这层皮，挂在了豆腐锅旁边的一根竹竿上。等这位农民做完豆腐后发现，他挂在竹竿上的这层皮已经凝结成条，中间空似竹，外表呈金黄色且油光发亮，掰下一截放进嘴里，味香又筋道。

随后，村中有人特意将烧煮豆浆时上面凝结的一层豆皮捏起挂在竹竿上晾晒，专门制作这种新产品。因为这种豆制品的形状细长，中空似竹，且最初是挂在竹竿上晾晒而成的，当地村民遂称其为"腐竹"。由于腐竹吃起来口感筋道、味道鲜美，附近村庄的村民也纷纷效仿，在家中支起锅灶制作，并改为使用平底铁锅专门烧煮豆浆，加工生产腐竹。

历代文人墨客盛赞豆腐

　　豆制品是人们日常生活中不可缺少的副食。早餐时，来豆腐脑，或用馒头夹一块豆腐乳，是绝对的美味；正餐时，想吃辣的，有麻婆豆腐；想吃清淡的，一把小葱、几滴香油、一块豆腐，一清二白；要是平常味道吃腻了，来张大饼夹上块臭豆腐吃，给个神仙也不做。对于这些豆制品，历代文人墨客也是情有独钟，留下了不少脍炙人口的诗篇和赞美豆制品的妙文。

　　北宋文学家苏东坡自称老饕，不仅善吃好做，还精于创制新菜。在他创制的菜品中，"东坡豆腐"与"东坡肉"一样驰名。苏东坡在杭州做官时，经常亲自下厨做这道豆腐菜。他笔下的豆腐，更是"煮豆作乳脂为酥，高烧油烛斟蜜酒"，对豆腐的喜爱，可见一斑。

　　南宋诗人陆游的《邻曲》："浊酒聚邻曲，偶来非宿期。拭盘堆连展，洗釜煮黎祁。乌犉将新犊，青桑长嫩枝。丰年多乐事，相劝且伸眉。"诗中的黎祁即豆腐，是陆诗人用于招待亲朋好友的美味佳肴之一。

　　元代郑允端的《豆腐赞》诗："种豆南山下，霜风老荚鲜。磨砻流玉乳，蒸煮结清泉。色比土酥净，香逾石髓坚。味之有余美，五食勿与传。"诗中对豆腐的制作原料、制作过程及成菜，绘声绘色地描述，赞美了豆腐的色、香、味、美，并誉其为"五鼎食"。

　　明代苏平《豆腐》，将制豆腐的过程及其美味写得惟妙惟肖："传得淮南术最佳，皮肤褪尽见精华。一轮磨上流琼液，煮月铛中滚雪花。瓦缸浸来蟾有影，金刀剖破玉无瑕。个中滋味谁得知，多在僧家与道家。"

　　到了清代胡济苍的笔下："信知磨砺出精神，宵旰勤劳泄我真。最是清廉方正客，一生知己属贫人。"这首诗不但写出了豆腐的软嫩美味，而且写出了豆腐的高贵精神：由磨砺而出，方正清廉，不流于世俗。

　　文人写豆腐有个很有趣的现象，就是喜欢介绍各地的豆腐食谱。汪曾祺对制作麻婆豆腐最有心得，再三嘱咐：一要油多，二要用牛肉末点缀，三要用郫县豆瓣，四要用文火，五要在出锅时撒上四川一种名为"大红袍"的花椒末才能做出正宗味道。他还钟情扬州的干丝，对煮干丝的过程一清二楚：用小海米吊汤，放干丝，再下火腿丝、鸡丝、冬笋丝等。干丝是一种特制的豆腐干，切的时候讲究刀工，一块豆腐要片成十六片，再切丝，细如马尾，一根不断，做法特别精致。

　　梁实秋喜食一道"鸡刨豆腐"，是将豆腐弄碎后用油炒，再加鸡蛋、葱花，看起来像被鸡刨过一样。他还喜欢"锅塌豆腐"：豆腐裹上鸡蛋液和荧粉，先炸后浇汁，有虾子入味最好。"锅塌"二字怎解一直令人好奇。梁先生在文章里没提这事儿，不过笔下的豆腐香却是藏不住的。

 # 想长寿，多吃豆

豆制品不仅营养丰富，而且对人体有很好的保健功效。

预防骨质疏松

在骨骼中，钙以无机盐的形式分布存在，是构成人体骨骼的主要成分。造成骨质疏松的主要原因就是钙的缺失。豆制品含有丰富的钙及一定的维生素 D，二者结合可有效预防和改善骨质疏松。

提高机体免疫力

人的机体在不同的年龄和生理状态下，对营养的需求也不同，要提高机体免疫力首先必须通过膳食的合理搭配来获得平衡的营养。豆制品中含有丰富的赖氨酸、不饱和脂肪酸以及多种维生素和矿物质，对提高机体免疫力很有帮助。

预防便秘

便秘是由于肠蠕动减慢，食物残渣在肠道内停留时间过长，水分被肠道重新吸收所致。长期便秘是导致肠癌的一个因素。豆制品为肠道提供了充足的纤维素，对防治便秘、肛裂、痔疮、肠癌等有一定效果。

预防心脑血管疾病

心脑血管疾病的源泉是高脂肪膳食导致的肥胖、高血脂、高血压等。豆制品中所含的豆固醇与不饱和脂肪酸有较好的祛脂作用，因此对中老年群体预防心脑血管疾病有很好的效果。

减肥作用

豆制品的脂肪含量极低，吃后虽然有饱腹感但是热量比其他食物更低，有利于减肥。

缓解更年期症状

豆制品中含有丰富的雌性激素、维生素 E 以及大脑和肝脏所必需的卵磷脂，对更年期女性延缓衰老、改善更年期症状有明显作用。

有些人不宜吃豆制品

豆制品虽然营养丰富，色香味俱佳，但也并非人人皆宜，患有以下疾病者应当忌食或少吃豆腐。

消化性溃疡　严重消化性溃疡病人不要食用豆腐丝、豆腐干等豆制品，以免引起嗝气、肠鸣、腹胀、腹痛等症状。

胃炎　急性胃炎和慢性浅表性胃炎病人最好不要食用豆制品，以免刺激胃酸分泌和引起胃肠胀气等不适。

伤寒　尽管长期高热的伤寒病人应摄取高热量、高蛋白营养物质，但在急性发作期和恢复期，为预防出现腹胀，不宜饮用豆浆。

急性胰腺炎　急性胰腺炎发作时可饮用高碳水化合物的清流质饮品，但忌饮用能刺激胃液和胰液分泌的豆浆等。

半乳糖及乳糖不耐受症　由于半乳糖及乳糖不耐受症病人体内缺乏半乳糖和乳糖分解、代谢有关的酶，应忌食含乳糖的食物。豆制品中的水苏糖和棉子糖在肠道分解后会产生一部分半乳糖，所以，严重患者应禁食豆制品，以免加重病情。

痛风　痛风的发病机理是嘌呤代谢紊乱，以高尿酸血症及其引起的痛风性急性关节炎为重要特征。高蛋白、高脂肪膳食容易引起痛风。豆制品中富含嘌呤，嘌呤代谢失常的痛风病人以及血尿酸浓度增高的患者最好不要经常食用豆制品，以免诱发或加重病情。

经典豆肴

舌尖诱惑

　　历史上有许多豆制品名菜流传至今，它们充分展示了中国人民的智慧。本篇介绍了十多道经典传统豆制品佳肴，让您边品尝美味边了解菜肴背后有趣的小故事。

承德凉粉

润滑利口，清凉解暑。

承德凉粉是用绿豆淀粉制成的，距今已有 300 多年的历史。相传英法联军炮轰大沽口，咸丰帝仓皇出逃到承德避暑山庄后，就常吃宫外的凉粉。至今，承德还流传着下面这样一个故事。一天，咸丰帝在湖边乘凉，听到宫外有人喊："酸咸麻辣香，解暑赛冰凉，若要吃一碗，犹如进天堂。"他从太监处得知那是卖凉粉的，很想尝尝，于是换了便服出宫，只见卖凉粉的周围一群人吃得正香，便也要了一碗。吃完后，只觉得凉爽可口，味道极佳，于是又添了一碗。吃完转身要走，卖凉粉的说道："爷，您还没给钱呢！"可皇帝身上向来不带银两，咸丰帝只好将身上的马褂脱下，叫他第二天到避暑山庄门口换银子。第二天，卖凉粉的去避暑山庄后，咸丰帝赏了他三百两纹银，并留他在宫中传授做凉粉的技艺。如今，凉粉摊点已经遍布全国各地，深受男女老少的喜爱。

原料：👨‍🍳①绿豆淀粉 500 克，黄瓜丝 100 克，蒜末 2 小勺

调料：芝麻酱 1 大勺，醋 1 大勺，盐 1 小勺，香油 1 小勺

制作方法：

1. 将锅清洗干净，倒入绿豆淀粉，注入清水。自然浸透后上火，用铲子不断搅拌，👨‍🍳②粉糊由稀变稠时改为小火咕嘟。

2. 待粉糊颜色发青熟透后，倒入干净的小盆内，双手端盆晃平，置于阴凉处，👨‍🍳③完全晾凉后即成绿豆凉粉。

3. 碗内放入芝麻酱，加入醋、蒜末、盐和香油调匀成味汁。

4. 将绿豆凉粉切成条或小块装入碗内。

5. 放上黄瓜丝，👨‍🍳④淋入味汁即成。

下厨心语

① 必须选用优质的绿豆淀粉。

② 在粉糊呈黏稠状时必须改为小火并加快搅拌速度，否则会出现生粉疙瘩。

③ 凉粉不宜放置时间过长，否则口感会发硬，不滑软。

④ 可加入辣椒油或花椒粉等调味。

高平烧豆腐

松软筋道，辛辣鲜香，别具风味。

　　高平烧豆腐因著名的长平之战而生。相传，在公元前 260 年春秋战国末期，秦赵两国在长平关（现高平市区西北部）展开了一场规模空前的战争，即历史上记载的长平之战。长平之战历时三年多，赵军绝粮 46 天被饿降，秦将白起一夜坑杀 40 万降卒。当地百姓世代憎恨白起，为了祭奠被坑杀的亡灵，便将豆腐当成白起肉，用炉火烧烤，寄托怨恨。有诗云："肩挑油灯漫街游，炉中黎祁烧悲啼。来人传送长平史，不吃豆腐难慰藉。"晋城诗人、书法家李慧英也写过一首《高平烧豆腐》诗："恶报武安坑赵卒，无辜豆腐代还刑。千年不断烹煎炸，难慰长平片片茎。"高平烧豆腐历经了 2000 多年的漫长岁月，现在已经流传至山西各地，成为一道不仅营养丰富、口感鲜嫩，更具有丰富人文内涵和文化积淀的名菜。

原料：老豆腐 350 克，豆渣 50 克，玉米粉 30 克，大葱 2 段，拍松的大蒜 3 瓣，蒜泥 1 大勺，
　　　姜泥 1 小勺

调料：八角 2 颗，花椒数粒，干红辣椒 3 根，盐 2 小勺，色拉油 1/3 杯

制作方法：

1. 老豆腐用开水冲洗干净，沥干水分，切成大小一致、5 厘米长、3 厘米厚的块。

2. 坐锅点火，倒入色拉油烧热，🐷¹放入豆腐块煎至两面呈金黄色取出。

3. 将豆腐块竖立起来，🐷²用小刀在其表面中缝处割开一条与长边长度相同的裂口。

4. 汤锅内倒入适量清水，放入花椒、八角、干红辣椒、大蒜和葱段，大火煮沸，加入1 小勺半盐调味，放入豆腐块大火煮 20 分钟，捞出装盘。

5. 利用煎豆腐块的剩余底油，🐷³倒入豆渣炒散至散发香味，再加入玉米粉炒散。

6. 加入蒜泥、姜泥和剩余盐，翻炒均匀至散发香味。

7. 盛入小碗内，随豆腐块上桌蘸食即成。

① 煎制时要热锅热油，以中小火煎制，这样豆腐块不易粘锅。

② 煎好的豆腐块割开裂口，使蘸食时蘸料可以进入其中。

③ 炒豆渣时一定要炒干水分，炒至豆渣松散后再放入玉米粉，否则玉米粉遇到豆渣中的水分易结成小疙瘩。

三美豆腐

汤汁乳白，豆腐软滑，白菜软烂，味道鲜香。

　　三美豆腐起源于山东泰安的泰山脚下，在那里有一句广为流传的民谚："泰安有三美，白菜、豆腐和水。"泰安白菜个大心实，质细无筋；泰安豆腐浆细质纯，嫩而不老；泰山泉水清甜爽口，杂质极少。当地即以"泰安三美"风味菜肴而著名。三美豆腐原是泰安农家的四季菜，后来随着历代帝王到泰山祭祀，先后建起了不少寺庙庵堂，吃素吃斋者增多，豆腐即成为此处的重要菜肴。在元朝以前，三美豆腐就已成为泰安地区的一道名菜。乾隆年间修订的《泰安县志》曾有这样的记述："凌晨街街梆子响，晚间户户豆腐香，泰城家家豆腐坊。"这反映了当时泰安豆腐业兴旺的景象。"游山不来品三美，泰山风光没赏全"是当地长期流传的赞誉三美菜肴的佳话。

原料：豆腐 250 克，白菜心 200 克，葱花 1 小勺，姜末 1/2 小勺，蒜末 1/2 小勺

调料：料酒 1 小勺，盐 1 小勺，奶汤 2 杯，熟鸡油 1 小勺，色拉油 1 大勺

制作方法：

1. 🐻①豆腐上笼蒸 10 分钟，取出沥干水分。

2. 切成 0.5 厘米厚的大三角片。

3. 白菜心用手撕成不规则的块。

4. 将豆腐片和白菜心放入沸水中焯透，捞出沥干水分。

5. 坐锅点火，倒入色拉油烧热，下入姜末、葱花和蒜末炸黄，放入白菜和豆腐稍煮。

6. 🐻②再加入奶汤、盐和料酒调味，煮沸后撇去浮沫。

7. 煮入味后淋熟鸡油，出锅盛入汤盆内即成。

下厨心语

① 豆腐蒸制后既能去除豆腥，又不易破碎。

② 如喜欢清淡的味道，可将奶汤换成山泉水。

博山豆腐箱

形似金箱，软嫩鲜香，味道醇美。

　　博山豆腐箱是一道闻名遐迩的山东地方代表菜，自形成至今，代代传承，博山家家几乎都会做这道菜。博山豆腐箱甚至还登上了人民大会堂国宴，得到了中外客人的关注。

　　关于博山豆腐箱，还有一个有趣的传说。据传清朝咸丰年间，在京都号称"博山厨师第一人"的张登科，聪明能干，技术高超。回乡养病期间，张登科在博山开了一家名为"庆和聚"的餐馆，做的饭菜好吃又便宜，生意十分火爆。一天，张登科在京城工作时的掌柜来看望他，到"庆和聚"时已是晚上，馆子里准备的菜肴已全部卖完了。张登科灵机一动，将余下的几块博山豆腐油炸后做成箱形，再用猪肉末、木耳和竹笋等制成馅填在豆腐箱内，蒸制而成。掌柜吃了这道别具风味的菜肴，赞不绝口，便问张登科这道菜的名字。张登科只好实话实说，掌柜看着菜的形状，脱口而出："真像个金箱子，就叫它金箱吧。"于是，"金箱"这道菜便经常在酒席上出现，很受客人欢迎，一传十、十传百，豆腐箱就成了博山的一道传统名菜。

原料：豆腐 300 克，猪肉末 150 克，水发木耳、竹笋各 30 克，番茄 25 克，水发海米 10 克，
　　　葱末 1 小勺，姜末 1 小勺，蒜片 1 小勺

调料：酱油 1 小勺，盐 1/2 小勺，鲜汤 1 杯，水淀粉 1 小勺，色拉油 1 杯

制作方法：

1. 豆腐上笼蒸 15 分钟，取出浸凉，🐷①切成 7 厘米长、3.5 厘米宽、4 厘米高的长方块，放入烧至六成热的油锅内炸成金黄色，捞出沥干油分。

2. 切开豆腐块的一面，挖空内部呈箱状。

3. 🐷②竹笋、水发海米和 20 克水发木耳分别切末；番茄切小丁。

4. 坐锅点火，倒入色拉油烧热，下入葱末和姜末爆香，倒入猪肉末炒散变色，加入 1/2 小勺酱油调色，再加入竹笋末、海米末、木耳末和 1/4 小勺盐翻炒 30 秒。

5. 盛出后填入挖空的豆腐块内按实，制成豆腐箱生坯。

6. 逐一填好，装盘上笼蒸 10 分钟后取出。

7. 与此同时，锅随 1 大勺底油上火，下入蒜片爆香，加入鲜汤、番茄丁和剩余水发木耳，🐷③煮沸后调入剩余盐和酱油。

8. 加入水淀粉搅匀，起锅淋在豆腐箱上即成。

下厨心语

① 豆腐块要切得整齐而且够大，才能再加工成漂亮的小箱子形状。

② 可以根据个人口味选用不同的内馅配料。

③ 水发海米和酱油都含有盐分，要注意控制成菜的口味。

金钩挂银条

色泽鲜艳，清脆咸香，爽口下饭。

金钩挂银条是山东孔府的一道名菜。据传，乾隆到曲阜时，孔府曾以196道菜的满汉宴来招待，可乾隆在京城吃厌了山珍海味，一道道菜端上来又原封不动地端了下去。在一旁侍膳的衍圣公很着急，传话给厨师想办法。厨师想了想，抓起一把豆芽加上几粒花椒略一炒端上了桌，乾隆尝了尝感觉味道不错，衍圣公这才松了一口气，厨师心里也有了底，知道皇帝爱吃哪一口了。于是，厨师将绿豆芽掐去瓣和根，先炒一下海米，再放上择好的绿豆芽，海米是金色的，绿豆芽是银色的，称为"金钩挂银条"。这样的菜皇宫里自然是没有的，乾隆也吃得津津有味。从此之后，金钩挂银条在孔府食谱中身价倍增，不光能上大席，还成了孔府的传统菜肴。在孔府中甚至还专设了一个"掐豆芽"的职位，被称为"掐豆芽户"，也算是中国饮食史上罕见的趣闻了。

原料：绿豆芽 300 克，海米 25 克，小葱 10 克，生姜 5 克

调料：料酒 1 大勺，香醋 1 小勺，花椒数粒，盐 1 小勺，香油 1 小勺，色拉油 2 大勺

制作方法：

1. 将绿豆芽掐去头尾，🐷①洗净后沥干水分。

2. 🐷②海米用料酒泡软；小葱择洗干净，切碎；生姜洗净，切末。

3. 坐锅点火，倒入色拉油烧热，下入花椒炸焦捞出。

4. 放入海米炒干水汽，下入葱花和姜末炸香，倒入绿豆芽，🐷③边翻炒边顺锅沿淋入香醋。

5. 绿豆芽炒至断生，加入盐和香油炒匀入味，出锅装盘即成。

🐷 下厨心语

① 绿豆芽下锅前必须沥干水分。

② 海米用料酒泡发可去除腥味。

③ 炒制时要旺火快炒，加入香醋既保证绿豆芽清脆的口感，又减少营养成分的流失。

韭菜炒豆腐干

味道咸香，柔软适口。

　　制作韭菜炒豆腐干始于河南开封的朱仙镇，关于此菜的起源还有一段传说。在战国时期，孙膑和庞涓均拜鬼谷子为师，攻读兵法，两人成为好朋友。后来，庞涓当上了魏惠王的将军，因妒忌孙膑的才能超过自己，就设法将孙膑骗到魏国，并挖去他的膝盖骨关进猪圈，想让他永无出头之日。

　　朱仙镇有个卖豆腐的王义，十分同情孙膑的不幸遭遇，于是每天从猪圈边经过时，总要放上一碗用咸豆腐干和韭菜炒制的菜给孙膑充饥，就这样保住了孙膑的性命。后来，齐国君王为独霸天下，命使臣花重金买通魏王手下重臣，秘密接走了孙膑。孙膑到齐国后当上了军师。他率领精兵大败魏军于马陵，逼得主帅庞涓自杀，一雪前耻。为了感谢王义的救命之恩，孙膑特意将齐国做豆腐干的传统方法传授给王义，从此，朱仙镇上王义的韭菜炒豆腐干便名扬四海。

原料：豆腐干 200 克，韭菜 150 克，葱白 5 克，大蒜 2 瓣

调料：生抽 1 大勺，盐 1/2 小勺，香油 1 小勺，色拉油 2 大勺

制作方法：

1. 豆腐干切条。

2. 韭菜择洗干净，切成 3 厘米长的段；葱白切碎；大蒜去皮，切末。

3. 坐锅点火，倒入色拉油烧热，下入葱花和蒜末炸香，①倒入豆腐干炒透，调入生抽炒匀。

4. ②加入韭菜和盐，炒至韭菜断生入味，淋香油，出锅装盘即成。

下厨心语

① 豆腐干如果太干，炒制时可加入少许水。

② 韭菜和盐同时入锅，能保证韭菜入味，快速出锅。

徽州毛豆腐

鲜醇爽口，味道独特。

据说久居外地的徽州人，只要说到一种小吃，就会激起浓浓的思乡之情，那就是毛豆腐。毛豆腐不只当地人喜欢，只要是到过徽州亲口尝过的游客，无不对它留下深刻的印象。

徽州毛豆腐之所以有名气，据说与明太祖朱元璋还有一段渊源。朱元璋幼年在财主家做苦工，他白天放牛，半夜还要起来与长工们一起磨豆腐。后来朱元璋被财主赶出家门，便入寺当了和尚。因朱元璋最喜食豆腐，长工们就送来鲜豆腐藏在寺庙前的草堆里，朱元璋再悄悄取走与和尚们分食。一次，寺里一连几天忙着做法事，朱元璋没空去取豆腐，等法事结束后去取，却发现豆腐上已长了一层白毛。朱元璋觉得丢掉实在可惜，就拿回寺中用油煎食，觉得味道更鲜香，之后便常用此法做豆腐吃。后来，朱元璋成为反元起义军统帅，途经徽州府时令炊厨制作毛豆腐犒劳三军，很快，油煎毛豆腐便在徽州流传开来。朱元璋做了皇帝后，油煎毛豆腐就成为御膳房的必备佳肴。

原料：毛豆腐 10 块（重约 50 克），小葱 10 克，生姜 5 克

调料：酱油 1/2 小勺，盐 1 小勺，白糖 1/2 小勺，鲜汤 1/2 杯，色拉油 3 大勺

制作方法：

1. 将每块毛豆腐三等分。

2. 小葱择洗干净，切碎；生姜洗净，切末。

3. 坐锅点火，倒入色拉油烧热，放入毛豆腐块，①煎至两面金黄且表皮起皱。

4. ②加入一半的小葱碎、姜末、鲜汤、白糖、盐和酱油烧2分钟，颠匀起锅装盘。

5. 撒剩余小葱碎即成。

下厨心语

① 煎毛豆腐时忌用旺火，要做到既煎透又煎黄。

② 鲜汤用量不宜过多，以没过毛豆腐一半位置为好。

金针菇黄豆芽

脆嫩爽口，味道鲜美。

　　金针菇黄豆芽又称如意菜，一道脆嫩爽口的凉拌菜，是安徽传统风味名菜。据传，乾隆皇帝五下江南，当他进入安徽境内时，衣衫褴褛，面色灰土，一副叫化子模样。他拄着一根棍子走进路边餐馆，嚷着要店家做吃的。店小二看眼前这位"食客"像是行囊空空的乞讨者，边好言招呼边走进厨房，告诉厨师："外面有个要饭的，随便给他做点儿吃的打发走了，别让他乱喊乱叫砸了生意。"厨子心领神会，不一会儿，一道凉拌菜和一碗米饭就上桌了。店小二对乾隆说："快点吃饱了走人，别给钱了，再说估计你也没钱。"看着黄澄澄、金灿灿的菜肴，乾隆狼吞虎咽将其吃完，然后一抹嘴从兜里掏出一锭银子，搁在桌上说："别找了。"店小二一看那银子吃了一惊，心想，这锭银子足够他们店挣一个月了，那叫化子八成是个贼，于是一边赔笑脸稳住乾隆，一边让人去报官。乾隆只觉得此菜脆嫩爽口，味道鲜美，就问店小二此菜何名。店小二周旋道："此菜吃了很如意，因此这里的人把这道菜称为如意菜。"正在此时，知县带兵前来捉人，一看却是皇上，慌忙跪下磕头。乾隆并没有责怪众人，临走时还封此店为"如意菜馆"。从此，用金针菇和黄豆芽拌出来的"如意菜"便广泛流传开来。

原料：黄豆芽 150 克，金针菇 100 克，豆腐干 50 克，青蒜 10 克

调料：盐 1 小勺，香油 1 小勺

制作方法：

1. ①黄豆芽和金针菇洗净，放入沸水中焯透，捞出用纯净水过凉，②沥干水分。

2. 豆腐干切丝；青蒜择洗干净，切丝。

3. 将黄豆芽、金针菇和豆腐干丝一起放入小盆内。

4. 加入青蒜丝、盐和香油，拌匀装盘即成。

下厨心语

① 金针菇不宜久焯，否则口感不脆。

② 一定要将原料的水分沥干后再调味。

麻婆豆腐

色泽红润明亮，味道麻辣咸鲜，质地酥软烫嫩。

　　麻婆豆腐是一款地道的四川传统名菜。它麻辣鲜香、色艳味美，别具一格，十分受人喜爱。关于麻婆豆腐的来源，还有一段有趣的小故事。相传清代同治年间，在四川成都北门外万福桥边有一家专门经营豆腐的小饭店，由老板陈春富之妻掌勺。因为她的脸上长了几颗麻子，人们便叫她"陈麻婆"。由于陈麻婆烧制的豆腐菜别有风味，因此生意十分红火。一天，一位过客提着两斤刚剁好的牛肉末来到陈麻婆店中，对门豆腐店的老板娘倚仗有几分姿色，勾引这位客人向对门走去，忘了提那包牛肉末。这时又走进来几位客人，他们看见餐桌上的牛肉末，便要吃牛肉炒豆腐。陈麻婆本不想用别人的牛肉末，但客人急着要吃，加之对刚才的事感到气愤，就把这牛肉末同豆腐一起做菜给客人吃了，没想到这菜做出来色香味俱全，客人十分满意。结果，要吃这道菜的人越来越多，生意非常火爆。后来，她干脆给自己店取名叫"陈麻婆豆腐店"，随着名声越来越大，麻婆豆腐这道佳肴也名扬四海，成为世界闻名的豆腐菜肴。

原料：🐷①嫩豆腐 500 克，牛肉末 100 克，蒜苗 15 克，蒜末 2/3 大勺

调料：🐷①郫县豆瓣酱 1 大勺，永川豆豉 2/3 大勺，酱油 2/3 大勺，花椒粉 1/2 小勺，水淀粉 1 大勺，盐 1 小勺，香油 1 小勺，鲜汤 1 杯，色拉油 3 大勺

制作方法：

1. 将嫩豆腐切成 1.5 厘米见方的小丁，放入沸水中焯透，捞出沥干水分。

2. 豆瓣酱剁细；蒜苗择洗干净，切成小段。

3. 坐锅点火，倒入色拉油烧热，🐷②下入牛肉末炒酥。

4. 加入蒜末、郫县豆瓣酱和永川豆豉，翻炒至出红油。

5. 🐷③加鲜汤，下入豆腐丁，加入酱油和盐调好色味，盖上锅盖转小火烧 3 分钟。

6. 用水淀粉勾芡，撒蒜苗段，淋香油。

7. 翻匀装盘，🐷④撒花椒粉即成。

🐷下厨心语

① 豆腐以嫩豆腐为佳；配料首选牛肉末；调料必须选用郫县豆瓣酱和永川豆豉，才可使成菜呈现其特有的风味特点。

② 牛肉末必须炒酥，不能炒焦。

③ 要多加些鲜汤，小火慢烧，分次勾芡。

④ 在此菜中，由花椒粉产生麻味，由郫县豆瓣酱产生辣味，由盐和酱油产生咸味，由豆豉产生鲜香味。故各调料的用量要控制好。

三鲜豆皮 |

形似汉堡，外皮酥脆，内馅软糯，鲜香味美。

　　三鲜豆皮是武汉特有的早点小吃，外面是一层金黄酥脆的鸡蛋豆皮，里面包裹着丰富的馅料，有香滑软糯的糯米、鲜肉、香菇，还有鲜甜无比的虾肉，吃上一口，外酥里嫩，满嘴留香。早餐时做上一份三鲜豆皮，与家人一起分享，幸福的滋味尽在其中。

　　不论是在武汉居住还是去武汉旅游，我们都能听到一句俗语："若到武汉不去老通城，就难算得上品过汉味美食。"老通城有很多地道的汉味小吃，但是最有渊源的还是三鲜豆皮，它将历史写进了老通城的饮食文化里。

原料： 🥄①绿豆粉 30 克，大米粉 70 克，糯米饭 150 克，猪肉末 50 克，叉烧肉 30 克，鲜虾仁 30 克，水发香菇、竹笋各 25 克，鸡蛋 1 个

调料： 鲜贝露 2/3 大勺，酱油 1 小勺，盐 1 小勺，白糖 1/2 小勺，胡椒粉 1/5 小勺，香油 1/2 小勺，化猪油 2 小勺，色拉油 1 大勺

🥄下厨心语

① 绿豆粉和大米粉的比例以 3 比 7 为好。

② 要将有鸡蛋的一面朝下进行煎制，豆皮的色泽才黄亮。

制作方法：

1. 猪肉末加入酱油、1/10 小勺胡椒粉、香油和白糖拌匀。

2. 叉烧肉、鲜虾仁、水发香菇和竹笋分别切成豌豆大小的丁。

3. 绿豆粉和大米粉放入小盆内拌匀，倒入适量清水调成均匀的稀面糊。

4. 坐锅点火，放入化猪油烧热，倒入糯米饭，加入盐炒匀盛出。

5. 原锅重上火位，倒入色拉油烧热，下入猪肉末、鲜虾仁丁、香菇丁、竹笋丁和叉烧丁炒散至变色。

6. 加入鲜贝露和剩余胡椒粉炒匀，盛出后与炒好的糯米饭拌匀。

7. 平底锅上火烧热，舀入稀面糊摊成豆皮。

8. 豆皮凝固后打入鸡蛋，均匀地摊在豆皮上。

9. 蛋液凝固后翻转豆皮，🥄②使有鸡蛋的一面朝下，再将炒好的馅料摊在豆皮上，四边包起略煎。

10. 铲出切块，装盘即成。

八宝豆腐羹

口感多样，营养丰富，味道鲜香，滋润爽滑。

相传康熙皇帝十分喜爱质地软滑、口味鲜美的清淡菜肴。有一次，他到南方巡视时，暂住在苏州曹寅的织造府衙门里。为了伺候好皇上，曹寅派人从各地采购大量山珍海味，又吩咐名厨精心操持，但做出的菜肴仍不对康熙皇帝的胃口。这下可急坏了曹寅，他多方苦寻，终于用重金从苏州"得月楼"请来了名厨张东宫，请他做出清淡爽口、有苏州特色的菜肴。张东宫绞尽脑汁，最后做出一道色香味均诱人的佳肴。

这道菜极合康熙皇帝的口味，他品尝之后极为满意。此菜鲜美可口，用豆腐和其他七种原料烹调而成，皇帝赐名"八宝豆腐羹"。返回京城时，康熙传旨将张东宫带回北京，赏五品顶戴，留在御膳房工作。从此，这道八宝豆腐羹便常上御膳桌，康熙久吃不厌。御膳房还专门印制了"八宝豆腐羹"的配方，将其作为宫廷珍品赏赐给告老还乡的大臣，有祝老臣们延年益寿之意，以示祝福。

原料：嫩豆腐 250 克，虾仁、鸡肉各 40 克，火腿、莼菜、水发香菇、瓜子仁、松子仁各 20 克，
　　　香葱花 1 小勺
调料：水淀粉 1 大勺，盐 1 小勺，鲜汤 2 杯，香油 1 小勺

制作方法：

1. 🐷①嫩豆腐切成 1 厘米见方的小丁，放入沸水中略焯。

2. 🐷①火腿、虾仁、鸡肉和水发香菇分别切成小丁；莼菜洗净，略焯。

3. 坐锅点火，倒入香油烧热，倒入瓜子仁和松子仁炒至发黄焦脆后盛出。

🐷下厨心语

① 各种原料切丁要大小相同。

② 勾芡后要快速推搅，以免出现小疙瘩。

4. 汤锅上火，倒入鲜汤，煮沸后放入嫩豆腐丁、火腿丁、虾仁丁、鸡肉丁、香菇丁和莼菜，加入盐调味。

5. 再次煮沸，🐷②用水淀粉勾玻璃芡，撒上香葱花、瓜子仁和松子仁即成。

扬州大煮干丝

刀工精细，质感柔软，汤鲜味美。

　　大煮干丝是一道淮扬传统名菜，此菜对刀工和火候要求特别严格。首先要将约1厘米厚的特制豆腐干均匀片成薄片，然后再切成火柴粗的细丝，用沸水焯烫两遍去除豆腥，再配以鸡丝、笋丝和火腿丝等，加入鸡汤和调料烧制而成。因其味美形佳，曾有诗赞美道："菽乳淮南是故乡，乾嘉传世九丝汤，清清淡淡天姿美，缕缕丝丝韵味长。"

　　关于此菜的来历，据说与清朝乾隆皇帝下江南有关。乾隆到扬州时，扬州的地方官员为接圣驾，聘请了许多名厨为乾隆制菜。厨师们都不敢怠慢，一个个拿出看家本领，精心烹制出各种菜品。其中有一道菜名叫"九丝汤"，是取豆腐干和火腿丝加鸡汤烩制，味道鲜美，特别是干丝切得很细，经过鸡汤烩煮后软糯可口，别有一番滋味，让乾隆大为满意。由于此菜受到了皇帝的夸奖，很快名声大振，成为一道江苏名菜。如今人们已将"九丝汤"改名为"大煮干丝"，制法上也有了很大改进，用鸡丝、火腿丝加豆腐干丝制作，称为"鸡火干丝"，用虾仁制作的称为"虾仁干丝"等，许多国外来宾品尝后都赞不绝口，称之为"东亚名肴"。

原料： 白豆腐干 250 克，鸡胸肉 50 克，金华火腿 15 克，豌豆苗 15 克，葱白 10 克，生姜
10 克

调料： 料酒 2/3 大勺，盐 1 小勺，鸡汤 2 杯，色拉油 2 大勺

制作方法：

1. 🐾①金华火腿、熟鸡胸肉、葱白和生姜分别 切成细丝。

2. 用快刀将白豆腐干批成极薄的大片，🐾①再 均匀地切成细丝。

3. 放入盆内用开水泡透。水凉后捞出，🐾②如 此反复浸泡三次。

4. 坐锅点火，倒入色拉油烧热，下入葱丝和 姜丝炸黄出香，倒入鸡汤，煮沸后撇去浮沫， 加入盐和料酒。

5. 待汤煮至呈乳白色后放入白豆腐干丝，汤 煮沸后捞出，堆入汤盘中呈馒头状。

6. 将火腿丝和熟鸡胸肉丝下入锅内，煮沸后 加入豌豆苗。

7. 立即起锅，浇在白豆腐干丝上即成。

🐾下厨心语

① 各种原料切丝要求细而均匀，不能切得一头粗一头细。

② 白豆腐干丝需反复浸泡，彻底去除豆腥。

平桥豆腐羹

晶莹透亮，滑嫩鲜香，老幼皆宜。

　　平桥豆腐羹是一道江苏名菜，其来历据说与乾隆南巡有关。相传乾隆皇帝下江南时，路过山阳县平桥镇，当时有位名叫林百万的大财主，认为这是巴结皇上的好机会，于是便在山阳县城至平桥镇的四十多里路上张灯结彩，铺设绸缎，把皇上接到了自己家里。林百万是个很有心计的财主，早在接驾之前就派人探听皇上的饮食习惯，命家厨用鲫鱼脑加老母鸡汤烩豆腐羹款待乾隆。乾隆虽然尝遍山珍海味，却不曾吃过如此具有地方特色的风味美食，品尝之后连连称好。接驾以后，鲜美可口的平桥豆腐羹便不胫而走，誉满江淮，成为淮扬菜系里的传统名菜。如今，经过改良之后的平桥豆腐羹低油低脂，更符合现代人的饮食习惯。

原料： 南豆腐 150 克，虾仁 50 克，猪五花肉 50 克，火腿、水发木耳、鸡蛋饼各 25 克，香菜末 1 小勺

调料： 干淀粉 1 大勺，🐷①水淀粉 1 大勺，盐 1 小勺，香油 1/2 小勺

制作方法：

1. 南豆腐切成菱形薄片。

2. 🐷②猪五花肉切成小薄片；火腿切丝后切末；水发木耳择洗干净，撕成小片；虾仁用刀从背部片开，挑去肠线，洗净后拍上一层干淀粉；鸡蛋饼切成菱形片。

3. 木耳和虾仁略焯，捞出沥干水分。

4. 坐锅点火，倒入适量水煮沸，放入鸡蛋饼、五花肉片、木耳片和豆腐片，加入盐调味。

5. 煮熟后用水淀粉勾芡，🐷③煮沸后放入虾仁和火腿稍煮，加入香菜末和香油，拌匀即成。

🐨下厨心语

① 最好选用绿豆淀粉。

② 在汤中加入猪五花肉有去腥增香的作用，但改刀前要用开水略焯，去除部分油脂。

③ 虾仁受热过久质地会变老，所以最好在出锅前加入。

腐乳肉

色泽红亮，肥而不腻，口感软烂，乳香味浓。

　　腐乳肉是一道用豆腐乳和五花肉蒸制而成的菜品，色泽红亮，肥而不腻，一直受到人们的喜爱。关于这道腐乳肉，在民间还流传着一个有意思的小故事呢！

　　相传有一次乾隆皇帝带着亲信去江南微服私访，来到嘉兴一处景致非常优美的乡村，乾隆一行人被风景迷住了，以至于天色已晚，来不及找合适的休息之处，小太监找到了一家还亮着灯的农户。小户人家平时最丰盛的菜也就是红烧肉了，可乾隆皇帝什么东西没吃过，红烧肉早就吃腻了。女主人想到一个方法：用家里仅剩的一些腐乳汁来做红烧肉。她硬着头皮把这盘菜端给乾隆品尝，结果出乎意料——皇上刚夹了一块肉放进嘴里，便大赞好吃："香而不腻，软烂爽口，这等好菜我在京城里还从未吃到过呢！"乾隆走后，街坊邻里都来讨教这道菜的做法，之后，腐乳肉就成了浙江的一道传统名菜。

原料：带皮五花肉 500 克，①红腐乳 3 块，姜片 5 克

调料：腐乳汁 2 大勺，蜂蜜 1 小勺，盐 2/3 小勺，白糖 1/2 小勺，色拉油 1 杯

制作方法：

1. 将五花肉皮上的残毛污物等刮洗干净，放入凉水中煮至断生，捞出揩干水分，在皮面均匀抹上一层蜂蜜，晾干。

2. ②将五花肉投入烧至七成热的油锅内炸成枣红色，沥干油分。

3. 将炸过的五花肉用开水泡软至表皮起皱褶，切成 0.3 厘米厚的长方片。

4. 红腐乳放入碗内，用小勺碾成细泥，加入腐乳汁、开水、盐和白糖调成腐乳汁。

5. 取一蒸碗，先将较整齐的五花肉片皮面朝下摆入碗内，再将剩余五花肉装入，至与碗口平齐，倒入调好的腐乳汁，放上姜片，③上笼用旺火蒸 2 小时至酥烂入味。

下厨心语

① 此菜不需加入料酒，因为红腐乳本身就带有酒的香醇味道和迷人香气。

② 炸肉开始时会猛烈溅油，应用锅盖遮挡，以免烫伤。

③ 可根据个人口味添加配菜，如豆腐、莲藕和干豆角等以减少油腻感。

油炸臭豆腐

外酥里嫩，吃法独特。

　　湖南的臭豆腐源自北京，引入长沙后，"火宫殿"根据当地人的口味进行了改良：挑选上好的黄豆制成老嫩适宜的豆腐坯，用香菇、冬笋、曲酒、浏阳豆豉等原料制成的发酵水浸泡，沥干水分后用小锅慢火油炸，再在豆腐中心钻一个小孔，灌入辣椒末、酱油、芝麻油等。长沙臭豆腐有"远臭近香"的特点，别有一番风味。

原料：臭豆腐 12 块

调料：油泼辣子 3 大勺，酱油 3 大勺，香油 5 小勺，鸡汤 1/2 杯，色拉油 3 大勺

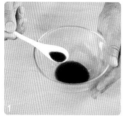   

制作方法：

1. 将酱油倒入小碗内。

2. 依次加入香油、油泼辣子和鸡汤调匀，制成蘸汁。

3. 坐锅点火，倒入色拉油烧至七成热，👨‍🍳①放入臭豆腐块炸透至表面酥脆，捞出沥干。

4. 臭豆腐装盘，👨‍🍳②用筷子扎出小孔，随蘸汁上桌食用即成。

① 臭豆腐的炸制时间不宜过长，以免失水太多，口感不嫩。

② 炸好的臭豆腐用筷子扎上小孔，蘸汁食用时更有味道。

活豆腐

咸香鲜醇，嫩滑可口。

　　活豆腐是江西九江地区的一道名菜，它原名嫩豆腐，只是一般的家常菜。后来为什么改名叫活豆腐呢？这里还流传着一个与唐朝诗人李白有关的故事。

　　相传唐朝诗人李白曾多次来九江。一天，他与几位友人在浔阳楼饮酒赋诗，喝得大醉，众人只好让店家安排李白休息。半夜，李白感到口渴腹饥，叫店小二端碗热汤过来，但是半夜三更，厨房只剩下几块豆腐。店小二只得将豆腐改刀并特意多加了些调料，做了一碗请李白品尝。李白吃后感觉舒服多了，便问店小二此菜何名。店小二不知该如何开口，李白便笑着说："刚才喝醉酒像死人一般，多亏这碗豆腐救活了我，就叫它活豆腐吧。"店小二听了连声称好，遂流传至今。

原料：嫩豆腐 300 克，猪肉 50 克，水发木耳、水发黄花菜各 25 克，葱花 1 小勺

调料：盐 1 小勺，酱油 1 小勺，水淀粉 2/3 大勺，鲜汤 1/2 杯，香油 1/2 小勺，色拉油 3 大勺

制作方法：

1. 将嫩豆腐切成 3 厘米长、1 厘米宽的条。

2. 猪肉洗净，切丝；水发木耳择洗干净，撕成小片；水发黄花菜去根，切段。

3. 坐锅点火烧热，倒入色拉油烧至七成热，下入葱花炸香，放入猪肉丝炒散至变色。

4. 放入木耳片和黄花菜段煸炒片刻，☺①随后放入嫩豆腐条、盐、酱油和鲜汤。

5. ☺②煮沸入味后用水淀粉勾芡，淋香油，出锅装盘即成。

☺下厨心语

① 嫩豆腐注意不要烧得太老。

② 烧制期间要轻推慢搅，以免弄碎嫩豆腐。

东江酿豆腐

豆腐嫩滑，汤汁香浓。

　　东江酿豆腐是广东客家的传统名菜，关于这道菜的来历有个小故事。从前有两位好朋友，一天，他们在街头不期而遇，便一同去饭馆喝酒叙家常，点菜时，一人说吃豆腐，另一人说吃猪肉，两人互不相让，各执己见，争吵起来。店老板怕他们闹翻，便将猪肉剁碎，拌上调料，酿入豆腐，先炸后煮，又香又鲜。两人一吃，连声叫好，都觉得比单吃一种菜要好得多。从此，酿豆腐就成了客家的地方名菜。

原料：豆腐 500 克，猪五花肉 100 克，鱼肉 50 克，泡发的海米 15 克，葱花 1 大勺
调料：干淀粉 1 大勺，酱油 1 大勺，盐 2 小勺，胡椒粉 1/5 小勺，水淀粉 2/3 大勺，鲜汤 2 杯，
　　　色拉油 3 大勺

制作方法：

1. 猪五花肉和鱼肉分别剁成末，放入盆内，加入干淀粉和 1/2 小勺盐拌匀，再加入泡发的海米拌匀。

2. ①豆腐切成 3.3 厘米长、0.8 厘米宽的块，用小刀将中间挖空，撒入 1/3 小勺盐，②填入调好的馅料制成酿豆腐生坯，上笼蒸 10 分钟取出。

3. 坐锅点火，倒入色拉油烧至七成热，放入蒸好的酿豆腐生坯煎炸成金黄色，捞出沥干油分。

4. 锅内留底油烧热，加入 1/2 大勺葱花爆香，加鲜汤，加入剩余盐、胡椒粉和酱油调好色味。

5. 放入酿豆腐烧入味，用水淀粉勾芡推匀，出锅装盘，撒剩余葱花即成。

下厨心语

① 豆腐改刀时切块要大小均匀。
② 每块豆腐内填入的馅料数量要一致。

第三篇

家常豆肴

爽口爽心

　　豆制品搭配鱼、鸡蛋、海带或排骨等一起合烹，可以提高豆制品中蛋白质的吸收利用率。本篇介绍五十多道简单易做的家常豆制品菜肴。不但教您怎么做每道菜，还教您怎样才能做好，零厨艺者也能运用自如，为家人奉上美味豆制品菜肴，使您不仅饱腹，更能吃出健康。

台南豆腐

制法特别，味道鲜香。

原料： 豆腐 350 克，葱花 1 小勺，酥花生碎 1 小勺，熟芝麻 1/2 小勺，紫苏叶数张

调料： 老干妈豆豉酱 1 大勺，香辣酱 1/2 大勺，盐 1 小勺，白糖 1/3 小勺，香油 1 小勺

制作方法：

1. 豆腐切成 3 厘米见方的正方块，装入盘中，撒 2/3 小勺盐，☞①上笼蒸透，取出晾凉。

2. ☞②将老干妈豆豉酱、香辣酱、剩余盐和白糖放入碗内，加入香油调匀成味汁。

3. 紫苏叶洗净铺在盘中，放上豆腐块，淋味汁。

4. 最后撒上酥花生碎、熟芝麻和葱花即成。

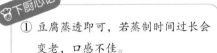

下厨心语

① 豆腐蒸透即可，若蒸制时间过长会变老，口感不佳。

② 调味汁时应控制好盐的用量。

肉松松花蛋豆腐

造型优美，风味独特。

原料： 内酯豆腐 1 盒，松花蛋 3 个，肉松 2/3 大勺，香葱末 1 小勺

调料： 生抽 1 小勺，醋 1/2 小勺，盐 1/3 小勺，姜汁 1/4 小勺

制作方法：

1. 松花蛋剥壳后放入料理机内，❤①加入 1 大勺清水、盐、姜汁和醋。

2. 搅拌成浓稠的松花蛋碎浆。

3. 内酯豆腐切成 4 块，每块切成 3 大片，取一片平铺在盘中，抹上一层松花蛋碎浆。

4. 依法抹上两层松花蛋碎浆，最后盖上一层豆腐片，❤②放入冰箱冷藏 3 小时，使其定型。

5. 取出后，淋生抽，撒上肉松和香葱末即成。

下厨心语

① 松花蛋有石灰味，制成松花蛋碎浆时必须加入姜汁和醋，用量以尝不出酸味为度。

② 豆腐不可冷冻。

杂粮豆腐

细嫩爽滑，富有营养。

原料： 黄豆 100 克，黑豆 50 克，小豆 30 克，绿豆 20 克，豆腐王 10 克，香葱花 2/3 大勺

调料： 辣椒酱 2 大勺，芝麻酱 2 大勺，泰椒圈 2 小勺，盐 1 小勺

制作方法：

1. 黄豆、黑豆、小豆和绿豆洗净泡发，倒入豆浆机，☺^①加入矿泉水打成豆浆。

2. 净锅上火，倒入豆浆，加入豆腐王和盐，煮沸后倒入铺有细纱布的模具内晾凉，压制成型，制成自制杂粮豆腐。

3. 将自制杂粮豆腐划成 2 厘米见方的块，撒上泰椒圈和香葱花，☺^②随芝麻酱和辣椒酱上桌蘸食即成。

下厨心语

① 要将豆浆里的料渣滤净，豆腐口感才细腻。

② 可随意搭配酱料食用。

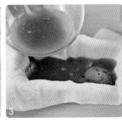
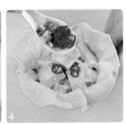

印尼香脆豆腐沙拉

蓬松酥脆，味醇香浓。

原料： 北豆腐 250 克，绿豆芽 150 克，黄瓜、洋葱各 50 克，西红柿 1 个，鸡蛋 3 个

调料： 🐷①印尼花生膏 1 小包，色拉油 1 杯

制作方法：

1. 将北豆腐切成 1 厘米见方的小丁。

2. 绿豆芽略焯，捞出过凉；鸡蛋打入碗内，用筷子搅散；黄瓜、西红柿分别洗净，均切滚刀小块；洋葱去皮，切三角块；印尼花生膏放入碗内，🐷②倒入适量热水调匀成花生浆。

3. 锅内倒入色拉油烧至六成热，下入豆腐丁炸黄。

4. 淋入鸡蛋液，炸出蓬松蛋花。

5. 捞出沥干油分后装盘，放上绿豆芽、黄瓜块、西红柿块和洋葱块，🐷③淋入花生浆即成。

🐷下厨心语

① 印尼花生膏市面上有售，也可用其他花生膏代替。

② 调配时不可加入太多水，否则会稀释浓郁的花生香味。

③ 待上桌食用时再淋花生浆，以保持酥脆的口感。

香辣豆干丝

质感软嫩，香辣开胃。

原料： 白豆腐干 250 克，青笋丝 50 克，蒜蓉 2/3 大勺，熟芝麻 1 小勺，熟花生碎 1 小勺

调料： 辣椒油 1 大勺，白糖 1 小勺，酱油 1 小勺，盐 2/3 小勺，香油 1 小勺

制作方法：

1. 将白豆腐干用平刀片成两半，切成丝，① 放入沸水中略焯，捞出过凉，挤干水分。

2. 将白糖和 1/3 小勺盐放入小碗内，加入酱油调匀，再加入香油和辣椒油调匀，②最后加入蒜蓉、熟芝麻和熟花生碎调匀成香辣汁。

3. 将青笋丝和剩余盐拌匀，腌制 3 分钟，沥干汁水，与白豆腐干丝拌匀，堆在盘中。

4. 淋香辣汁即成。

下厨心语

① 白豆腐干改刀后用沸水略焯，以去除豆腥。

② 蒜蓉最后加入。

BON APPETITE!

陈醋三丝

酸香爽口，下酒最宜。

原料： 洋葱 200 克，豆腐干 100 克，水晶粉丝 15 克，香菜 50 克，蒜末 2 大勺，番茄 1 个

调料： ①清徐陈醋 4 大勺，盐 1 小勺，白糖 1/2 小勺，酱油 1/2 小勺，香油 1 小勺

制作方法：

1. 将洋葱和豆腐干分别切成细丝，放入沸水中焯烫后沥干水分。

2. 水晶粉丝放入沸水锅内烫熟，捞出过凉；香菜洗净切段；番茄切片，摆在盘子四周作为点缀。

3. 将清徐陈醋、蒜末、盐、白糖、酱油和香油在碗内兑匀，制成陈醋汁。

4. 将洋葱丝、豆腐干丝、水晶粉丝和香菜段装入盘中，②倒入陈醋汁即成。

下厨心语

① 一定要选用优质陈醋，否则成菜味道不佳。

② 此菜现吃现调，口感最好。

腌花仁腐竹

咸香，筋软，香脆。

原料： 水发腐竹 300 克，油炸花生 50 克，海米 25 克，白芝麻 1 大勺，蒜末 1 大勺，姜末 2/3 大勺

调料： 盐 1 小勺，香油 1 小勺，色拉油 2 大勺

制作方法：

1. 将腐竹挤干水分，🐧①切成 1 厘米长的小节。

2. 油炸花生压成碎末；海米泡软，切碎末。

3. 坐锅点火，倒入色拉油烧热，下入海米末、蒜末和姜末炒香，再放入盐和白芝麻略炒，制成海米油汁盛出。

3. 坐锅点火，🐧②放入腐竹段炒干水汽，倒入小盆内，趁热加入海米油汁和油炸花生末，淋香油，拌匀晾凉。

5. 盖上锅盖腌制 1 天即成。

> **下厨心语**
> ① 腐竹也可用手撕成不规则的条状或丝状。
> ② 腐竹炒干水汽后再腌制，既易入味，又能延长保存时间。

南乳时蔬鸡

鸡肉软嫩，香醇鲜辣。

原料： 净土鸡 1/2 只，豆腐乳 3 块，🐔①鸡腿菇 50 克，生菜叶 50 克，小黄瓜 100 克，熟芝麻
2 小勺，生姜 3 片，葱节 5 克，葱末 1 小勺，姜末 1 小勺

调料： 红油 1 大勺，腐乳汁 1 大勺半，料酒 2/3 大勺，盐 1/5 小勺

制作方法：

1. 净土鸡焯烫后放入汤锅内，
加入料酒、姜片和葱节，🐔②
<u>小火煮熟。</u>

2. 离火，原汤浸泡 20 分钟，
捞出沥干汤汁，用刀剁成长条，
码入盘中。

3. 鸡腿菇洗净焯烫，切成薄片。

4. 小黄瓜洗净，切片；生菜叶
洗净，撕成小块。

5. 将鸡腿菇片、小黄瓜片和生
菜叶均匀围在土鸡块周边。

6. 豆腐乳放入小碗内，用筷子
搅成泥状，加入腐乳汁、1 大
勺温水、盐、葱末、姜末、红
油和熟芝麻调匀成腐乳汁，随
土鸡块上桌蘸食即成。

下厨心语

① 可根据个人口味选用不同的时令蔬菜。

② 一定要用小火煮熟土鸡，煮好后要用原汤浸泡片刻，这样肉质更嫩、更
爽滑。

奇味金钩

清鲜爽口，味道奇美。

原料： 黄豆芽 300 克，松花蛋 1 个，臭豆腐 1 块，豆腐乳 1 块，青尖椒 1 根，熟芝麻 1 小勺

调料： 红油 1 小勺，盐 1/2 小勺，白糖 1/2 小勺，香油 1/2 小勺

制作方法：

1. 松花蛋去皮洗净，切小丁；臭豆腐和豆腐乳分别压成细泥；青尖椒洗净，去净种子和筋，切小粒。

2. 锅内倒入清水煮沸，①下入黄豆芽煮熟。

3. 捞出黄豆芽，放入纯净水中过凉，沥干水分。

4. 将黄豆芽放入小盆内，②依次加入松花蛋、臭豆腐泥、豆腐乳泥、青尖椒粒、盐、白糖、香油和红油。

5. 拌匀装盘，撒熟芝麻即成。

下厨心语

① 黄豆芽应煮熟以去除豆腥。如果放入冰箱中冰镇一下，食之更加爽口。

② 调味时各种调料的用量要掌握好，特别是白糖的用量，以刚能尝出甜味为佳。

风味黄豆芽

色泽美观，香辣利口。

原料： 黄豆芽 400 克，大蒜 5 瓣

调料： 剁椒 2 小勺，鱼露 1 小勺，香醋 1 大勺半，辣椒粉 1/2 小勺，盐 1/3 小勺，白糖 1/3 小勺，色拉油 2 大勺

制作方法：

1. 黄豆芽择洗干净，①放入沸水锅内焯熟，捞出用纯净水过凉，沥干水分，放入小盆。

2. 大蒜加入 1/6 小勺盐捣成细蓉。

3. 炒锅上火，倒入色拉油烧热，下入蒜蓉炒黄，②关火，加入辣椒粉炸香，倒在黄豆芽上。

4. 加入剩余盐、白糖、香醋、鱼露和剁椒，拌匀装盘即成。

下厨心语

① 黄豆芽不能生吃，凉拌前一定要用沸水焯熟。

② 辣椒粉容易炸焦，必须关火等油温降低后才可炸制。

姜汁素菜卷

形色素雅，姜醋味浓。

原料：白菜叶 250 克，绿豆芽 150 克，青笋 30 克，木瓜 20 克，苦菊 15 克，葱白丝 10 克

调料：醋 1 大勺，姜末 1 小勺，盐 1 小勺

制作方法：

1. ①将白菜叶放入沸水锅内焯至断生，捞出沥干水分。

2. 青笋和木瓜分别切丝，同绿豆芽分别放入沸水锅内焯至断生，②捞出沥干水分；苦菊和葱白丝用水泡挺。

3. 用白菜叶卷起绿豆芽、青笋丝和木瓜丝，切成 3 厘米长的段，摆入盘中。

4. 将姜末、盐和醋放入碗内调匀成味汁。

5. 淋在白菜卷上，点缀葱白丝和苦菊即成。

> 下厨心语
> ① 白菜叶要烫软，否则不便卷起。
> ② 各种原料均需沥干水分再进行制作。

酒醉银芽

清脆利口，酒味浓郁，下饭小菜。

原料： 绿豆芽 500 克，红柿椒 50 克，小葱 1 根，生姜 5 克

调料： 花椒数粒，🐾①白酒 50 克，盐 1 小勺

制作方法：

1. 红柿椒洗净，切成细丝；绿豆芽掐去头及根部，用清水冲洗干净，放入沸水锅内略焯，捞出放入纯净水中过凉。

2. 绿豆芽沥干水分后和红柿椒丝一起装入玻璃瓶内。

3. 小葱打结；生姜洗净切片。

4. 汤锅上旺火，倒入清水，加入花椒、小葱结、姜片和盐，🐾②煮沸后离火晾凉，倒入豆芽瓶内。

5. 淋白酒，盖上锅盖拧紧晃匀，静置 3 小时即成。

下厨心语

① 可根据个人口味用玫瑰露酒代替白酒。

② 味汁煮沸后一定要晾凉再使用。

香辣豆皮丝

香辣，利口，筋道。

原料： 鲜豆腐皮 500 克，葱末 2 小勺，姜末 1 小勺，蒜末 1 小勺

调料： 干辣椒丝 20 克，花椒数粒，盐 1 小勺，色拉油 2 大勺

制作方法：

1. 将鲜豆腐皮切成 8 厘米长的细丝，①放入沸水锅内焯透，捞出用纯净水清洗两遍，挤干水分。

2. 坐锅点火，倒入色拉油烧热，下入花椒炸焦捞出，再下入葱末、姜末和蒜末炸香，投入干辣椒丝炸至焦脆，加入盐略炒，制成辣油味汁。

3. 坐锅点火，②放入豆腐皮细丝炒干水汽，倒入小盆内。

4. 加入辣油味汁拌匀，盖上盖子腌制 6 小时，装盘上桌即成。

下厨心语

① 豆腐皮细丝要先焯后洗，充分去除豆腥。

② 豆腐皮细丝炒干水汽后再调味，成菜香辣味浓，较易保存。

五香卤豆腐

色泽红亮，味道咸鲜，五香味浓。

原料： 豆腐块 500 克，姜片 10 克

调料： 白糖 1 大勺，酱油 2 大勺，料酒 2/3 大勺，盐 2/3 大勺，五香粉 1 小勺，胡椒粉 1/3 小勺，骨头汤 4 杯，香油 1 小勺，色拉油 1 杯

制作方法：

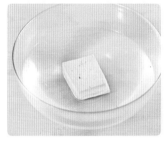

1. ☺①豆腐块上笼蒸 20 分钟，至出现蜂窝眼时取出，放入凉水中浸凉，沥干水分，切成 0.5 厘米厚的片。

2. 炒锅内倒入 2 大勺色拉油烧热，下入姜片炒出香味，倒入碗内，加骨头汤，☺②加入酱油、白糖、料酒、盐、五香粉和胡椒粉调好色味，煮沸备用。

3. ☺③锅内倒入色拉油烧至六成热，下入豆腐片炸成金黄色，捞出沥干油分。

4. 将豆腐片放入煮沸的五香卤汁中卤透入味，离火原汤浸凉。

5. 取出改刀装盘，淋香油即成。

下厨心语

① 豆腐经过蒸制处理，不仅能去除豆腥味和部分水分，卤制时也更易入味。

② 卤汁中如加入八角、桂皮等大料，则五香味更浓。

③ 要用热油快速将豆腐炸上色。若炸制时间过长，失水过多，卤制后口感不佳。

水煮豆腐

色泽红亮，汤汁滚烫，豆腐软嫩，麻辣味浓。

原料： 豆腐 500 克，①猪五花肉 50 克，水发木耳 25 克，蒜苗 15 克，葱花 2 小勺，姜末 1 小勺

调料： 红油 2 大勺，豆瓣酱 1 大勺，酱油 2/3 大勺，盐 1 小勺，花椒粉 1 小勺，鲜汤 2 杯，色拉油 2 大勺

制作方法：

1. 豆腐切成 1 厘米厚、2.5 厘米见方的片，放入沸水中焯烫后放凉。

2. 猪五花肉切成薄片；水发木耳择洗干净，个大的撕开；蒜苗洗净，斜刀切成马蹄段；豆瓣酱剁成细蓉。

3. 锅内倒入色拉油烧热，下入猪五花肉片炒散，加入豆瓣酱、姜末和 1 小勺葱花炒香至出红油，加入鲜汤、酱油和盐，放入豆腐片和木耳片，煮沸后续煮 5 分钟。

4. 撒上蒜苗段、剩余葱花和花椒粉。

5. ②浇上烧热的红油即可。

下厨心语
① 加入少量猪五花肉可起到增香作用。
② 此菜的麻辣度可根据个人口味掌握。

咸蛋黄烩豆腐

色泽金黄，嫩滑咸香。

原料： 南豆腐 300 克，熟咸蛋黄 3 个，火腿 25 克，胡萝卜 25 克，青豆 15 克

调料： 葱姜水 1 大勺，水淀粉 1 大勺，盐 1 小勺，鲜汤 1/2 杯，色拉油 2 大勺

制作方法：

1. 南豆腐切成 1 厘米见方的丁。

2. 火腿和胡萝卜分别切成小方丁；熟咸蛋黄用刀压扁，切碎。

3. 锅内倒入适量清水煮沸，放入火腿丁、胡萝卜丁和青豆焯透，捞出沥干水分。

4. 水中加入 1/2 小勺盐，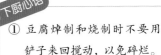放入豆腐丁焯透，捞出沥干水分。

5. 原锅重上火位烧干，倒入色拉油烧至六成热，下入咸蛋黄末炒至起泡，加鲜汤。

6. 放入火腿丁、胡萝卜丁、青豆和豆腐丁，煮沸后加入葱姜水和剩余盐。

7. 小火烧入味后用水淀粉勾芡，②晃匀后装入盘中即成。

下厨心语

① 豆腐焯制和烧制时不要用铲子来回搅动，以免碎烂。

② 成菜出锅时要用拖的手法装入盘中，可最大限度地保证豆腐形状完整。

五彩雪花豆腐

色泽素雅亮丽，味道咸鲜可口。

原料： 嫩豆腐 500 克，鸡胸肉、虾仁、火腿各 25 克，水发香菇 2 朵，嫩笋尖 20 克，蒜薹 15 克，
蛋白浆 20 克，蛋清 3 个，葱丁 1 小勺，姜粒 1/2 小勺

调料： 盐 1 小勺，鸡汤 1 杯，水淀粉 1 大勺，色拉油 3 大勺

制作方法：

1. 嫩豆腐切成 1 厘米见方的丁。

2. 水发香菇和嫩笋尖分别切成玉米粒大小的丁。

3. 鸡胸肉和火腿分别先切成筷子粗的条，再切小丁；
   虾仁洗净，挤干水分，用刀略剁；蒜薹切短节。

4. 锅内倒水煮沸，分别下入豆腐丁、香菇丁和笋丁略焯。

5. 鸡胸肉丁和虾仁丁上蛋白浆，用温油滑散，倒入漏
   勺内沥干油分；蛋清打入碗内，倒入少许清水搅散。

6. 锅内倒入 2 大勺色拉油烧热，下入葱丁和姜粒炸香，
   加入鸡汤和盐煮沸，放入豆腐丁、香菇丁和笋丁，
   待烧入味时淋入蛋清，用手勺推几下。

7. ①用水淀粉勾芡，放入鸡胸肉丁、虾仁丁、火腿
   丁和蒜薹节。

8. ②顺锅沿淋入剩余色拉油，推匀后略烧片刻，装
   盘即成。

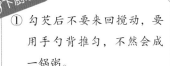

下厨心语

① 勾芡后不要来回搅动，要
用手勺背推匀，不然会成
一锅粥。

② 淋入色拉油后不宜急于出
锅，需再烧制片刻，让色
拉油与原料充分融合在一
起，达到汁明芡亮的效果。

香卤腐竹

色泽红润，质感筋道，味美咸香。

原料： 干腐竹 150 克，葱段 10 克，姜片 10 克

调料： 五香粉 1 小勺，酱油 2/3 大勺，盐 1 小勺，香油 1 大勺

制作方法：

1. 将干腐竹放入盆内，倒入适量凉水泡透至无硬心，👨‍🍳①用清水反复漂洗几次，挤干水分。

2. 将葱段、姜片和五香粉放入小盆，倒入开水，加入酱油和盐调好色味，制成五香卤汁。

3. 汤锅上火，倒入五香卤汁煮沸，放入腐竹，👨‍🍳②用小火卤入味。

4. 捞出沥干卤汁，刷上香油，改刀装盘即成。

👨‍🍳下厨心语

① 腐竹泡透后要用清水反复清洗，以去除豆腥。

② 卤制时间不能过长，否则成菜口感软烂不佳。

赛泥鳅

形似泥鳅，口感软嫩，甜辣带酸。

原料： 水发腐竹 250 克，水发香菇、青椒、红椒各 30 克，面粉 2 大勺，葱花 1 小勺，姜末 1 小勺，蒜末 1 小勺

调料： 豆瓣酱 1 大勺半，白糖 1 大勺，醋 2/3 大勺，酱油 2 小勺，盐 1/3 小勺，八角 1 颗，鲜汤 1/2 杯，香油 1 小勺，色拉油 3 大勺

制作方法：

1. 🍳① 将水发腐竹切成 10 厘米长的段，加入面粉拌匀，使其均匀地裹上一层面粉。

2. 水发香菇、青椒、红椒分别切成小丁。

3. 坐锅点火烧热，倒入 1 大勺色拉油，🍳② 排入腐竹段煎至两面呈金黄色，制成"泥鳅"后铲出。

4. 锅内留 1 大勺底油烧热，下入八角炸香，放入香菇丁煸至微黄，再下入豆瓣酱、葱花、姜末和蒜末炒出红油和香味，加鲜汤，🍳③ 加入白糖、盐、酱油和 1/3 大勺醋调味，再放入"泥鳅"，大火煮沸，盖上锅盖转至小火焖 5 分钟。

5. 放入青椒丁、红椒丁、剩余醋和香油，翻匀装盘即成。

> **下厨心语**
> ① 如腐竹段过粗，可顺长切为两条，使其粗细与"泥鳅"相若。
> ② 煎腐竹时要经常翻动，以免煎焦。
> ③ 醋应分成两次加入，以突出酸味。

家常豆肴 爽口爽心　111

鲜蘑烧腐竹

色泽素雅，软嫩清香。

原料： 水发腐竹 300 克，鲜蘑菇 150 克，鲜青豆 20 克，葱花 1 小勺，蒜末 1 小勺

调料： 料酒 2/3 大勺，水淀粉 1 大勺，盐 1 小勺，鲜汤 1/2 杯，香油 1 小勺，色拉油 2 大勺

制作方法：

1. 将水发腐竹斜刀切成 4 厘米长的段。

2. 鲜蘑菇洗净，切成厚片，和腐竹一起放入沸水锅内焯透，捞出沥干水分。

3. 炒锅上火，倒入色拉油烧热，炸香葱花和蒜末，烹料酒，加鲜汤，加入盐调味，放入腐竹段、鲜蘑菇片和鲜青豆，②用中火烧透入味。

4. 用水淀粉勾芡，淋香油，颠匀装盘即成。

下厨心语

① 鲜蘑菇要用淡盐水漂洗，这样较易去净污物。

② 要掌握好烧制时间，避免成菜过烂，口感不佳。

土鸡烧豆干

质感软烂，香鲜微辣。

原料： 净土鸡 500 克，豆腐干 5 块，冬笋尖 50 克，大葱 3 段，生姜 5 片

调料： 干辣椒节 2 小勺，料酒 1 大勺，酱油 2/3 大勺，盐 1 小勺，白糖 1/2 小勺，色拉油
4 大勺

制作方法：

1. 将净土鸡剁成 1.5 厘米见方的块，洗净沥干水分。

2. 豆腐干用坡刀切块；冬笋尖拍松，切成不规则的块状，放入沸水中焯透，捞出沥干水分。

3. 炒锅上火，🍳① 倒入色拉油烧至七成热，放入土鸡块煸炒至水汽炒干且露骨。

4. 倒入酱油、葱段、姜片、干辣椒节和料酒，再煸炒片刻。

5. 加入适量开水，旺火煮沸后撇去浮沫，转小火炖至鸡肉熟透，加入豆腐干和笋块，放入盐和白糖。

6. 🍳② 再烧 10 分钟，汁浓时起锅装盘即成。

🍳下厨心语

① 土鸡块必须沥干水分，且将底油烧至极热，再下入土鸡块爆炒至露骨时才可加水烧制。

② 加入豆腐干和笋块后烧制的时间要够长，使其吸收土鸡汤的味道。

牛肉烩豆芽

咸香微辣，软嫩爽口。

原料： 五香卤牛腱 200 克，豆芽菜 200 克，蒜苗 10 克，姜片 1 小勺，蒜片 1 小勺

调料： 豆瓣酱 1 大勺，料酒 2/3 大勺，干辣椒节 1 小勺，盐 1/2 小勺，酱油 2/3 小勺，白糖 1/2 小勺，色拉油 3 大勺

制作方法：

1. 🐷①五香卤牛腱切片。

2. 豆芽菜洗净，沥干水分；蒜苗切碎。

3. 坐锅点火，倒入 1 大勺色拉油烧热，放入豆芽菜炒干水汽盛出。

4. 炒锅重上火位，倒入剩余色拉油烧热，🐷②下入姜片、蒜片和干辣椒节煸香，加入豆瓣酱炒出红油，倒入牛肉片炒至卷曲，烹料酒，倒入适量开水，加入酱油、盐和白糖调好色味。

5. 再烧 2 分钟，倒入豆芽菜，转大火收汁。

6. 撒蒜苗碎，翻匀出锅即成。

下厨心语

① 五香卤牛腱不可切得太薄，以免炒制时碎烂。

② 豆瓣酱和干辣椒节的用量可根据个人口味增减。

豆浆鳜鱼

白中泛红，柔软滑嫩，咸鲜微辣。

原料： 鲜鳜鱼肉 2 片，鲜豆浆 400 毫升，面粉 1 大勺，葱丝、姜丝、蒜瓣各 1 小勺

调料： 干辣椒节 1/2 小勺，盐 1 小勺，白酒 1 小勺，白糖 1/2 小勺，胡椒粉 1/3 小勺，辣椒油 1 小勺，色拉油 1 大勺

制作方法：

1. 鲜鳜鱼肉放入碗内，撒上 1/3 小勺白糖、1/2 小勺盐、白酒和胡椒粉拌匀，腌制 5 分钟。

2. ☺① 将鲜鳜鱼肉两面裹匀一层面粉。

3. 平底锅坐火烧热，锅底涂匀一层色拉油，放入鲜鳜鱼肉片煎 2 分钟。

4. 加入干辣椒节、葱丝、姜丝和蒜瓣略煎出味。

5. 倒入鲜豆浆煮至鱼肉熟透，加入剩余盐和白糖调味。

6. ☺② 淋辣椒油，搅匀出锅装盘即成。

> **下厨心语**
>
> ① 鲜鳜鱼肉裹上薄薄的一层面粉，煎制时不易破碎。
> ② 辣椒油的用量可根据个人口味增减。

豆浆炖羊肉

色泽淡雅，口感细嫩，咸鲜味美。

原料： 豆浆 1000 毫升，羊腿肉 300 克，山药 150 克，生姜 3 片

调料： 香油 1 小勺，盐 1 小勺

制作方法：

1. 山药切块；羊腿肉洗净，切成大小适中的厚片，🐾①与姜片一起放入沸水中焯烫 5 分钟。

2. 捞出羊腿肉片，用热水冲洗净表面。

3. 将羊腿肉片和山药块一起放入煲中，🐾②加入豆浆，大火煮沸后转小火继续炖煮 1 小时。

4. 加入盐和香油调味，稍煮即成。

下厨心语

① 焯烫羊腿肉片时加入姜片，可以去除羊肉的膻味。此时火不宜过大，时间也不要太长，肉片一变色即可捞出。

② 用豆浆炖煮羊腿肉片时不要放姜，否则豆浆会凝固成絮状。

香油火腿

形似火腿，鲜美咸香，质感韧劲。

原料： 豆腐皮 300 克，姜片 10 克，葱段 10 克

调料： 料酒 2/3 大勺，酱油 2/3 大勺，白糖 1 小勺，盐 1 小勺，十三香粉 1/2 小勺，香油 1 大勺，高汤 1 杯

制作方法：

1. 锅内倒入 2/3 大勺香油上火烧热，下入姜片和葱段炸黄出香，放入高汤、料酒、酱油、白糖、盐和十三香粉煮沸，倒入小盆内，制成卤汁。

2. ①将豆腐皮撕成小块，放入卤汁浸泡至凉，用手揉搓豆腐皮，使其吸足卤汁，再加入剩余香油拌匀。

3. 取一块洁净的白布，放上豆腐皮，包卷呈圆筒状。

4. ②用麻绳捆扎好呈火腿状，制成素火腿，上笼用旺火蒸 2 小时。

5. ③取出晾凉，去除麻绳和白布，切片装盘即成。

> **下厨心语**
> ① 要将豆腐皮撕成块后放入卤汁浸泡，入味后再包卷捆扎。
> ② 麻绳一定要扎紧，否则素火腿易散。
> ③ 素火腿要在凉透后再去除麻绳和白布。

五香素鸡

咸香美味，味道极佳。

原料： 豆腐皮 250 克，生姜 3 片，香葱 2 段

调料： ①酱油 2/3 大勺，白糖 1 小勺，盐 1 小勺，香叶 2 片，桂皮 1 小块，草果 1/2 个，花椒 10 粒，八角 1 颗，色拉油 3 大勺

制作方法：

1. 坐锅点火，倒入色拉油烧热，放入葱段、姜片、香叶、桂皮、草果、花椒和八角煸香，倒入适量清水，加入酱油、白糖和盐调好色味，煮沸后续煮 15 分钟。

2. 捞出料渣，②放入豆腐皮烫软入味。

3. 将洁净的纱布平铺在砧板上，放上豆腐皮卷起呈圆筒状。

4. 再用麻绳扎紧后，上笼蒸制 40 分钟。

5. 取出晾凉后，去除麻绳和纱布，切片装盘即成。

下厨心语

① 不要加入过多酱油，否则成菜色泽发黑。

② 豆腐皮要分张烫软，若一起放入浸烫会互相粘连，不便取用。

虾皇豆腐饺

口感滑嫩，造型美观。

原料：豆腐 1 盒，虾肉 150 克，菜心 8 棵，蛋清 1 个，枸杞 8 粒

调料：干淀粉 1 小勺，水淀粉 2/3 大勺，料酒 1 小勺，盐 2/3 小勺，姜汁 1/3 小勺，高汤 2/3 杯

制作方法：

1. 豆腐用圆柱型模具刻成圆形，☝①均匀地切成厚片。

2. 虾肉洗净，用刀面拍扁后剁成细泥，放入碗内，加入料酒、1/3 小勺盐、姜汁、干淀粉和蛋清，搅打上劲制成内馅。

3. 将内馅放入豆腐片上包成饺子形状，☝②上笼蒸 5 分钟，取出装入盘中。

4. 菜心焯烫后摆入盘中，再摆上豆腐饺。

5. 高汤倒入锅内煮沸，加入剩余盐，☝③用水淀粉勾薄芡，出锅浇在豆腐饺上。

6. 点缀枸杞即成。

下厨心语

① 豆腐片不要太厚，否则不便包制。

② 蒸制时间要控制好。

③ 勾芡程度要掌握好。

桂花豆腐

形色美观，味道特别。

原料： 豆腐 250 克，松花蛋蛋清 2 个，熟咸鸭蛋黄 2 个，香菜 15 克

调料： 水淀粉 1 大勺，生抽 2 小勺，盐 1 小勺，白糖 1/2 小勺，香油 1 小勺，鸡汤 1/2 杯

制作方法：

1. 豆腐整理成直径 3 厘米的圆柱形，用小勺在上面挖出一个 2 厘米深的窝。

2. 松花蛋蛋清切成粒，用 1/5 小勺盐和 1/2 小勺香油拌匀成松花馅。

3. 熟咸鸭蛋黄压成泥；香菜择洗干净，切末。

4. 将挖空的豆腐放入加有 1/5 小勺盐的沸水锅内焯透，捞出沥干水分。

5. 豆腐填入松花馅，盖上熟咸鸭蛋黄泥，撒香菜末，整齐地摆入盘中，上笼蒸 5 分钟后取出。

6. 锅内倒入鸡汤煮沸，加入剩余盐、白糖和生抽调味，用水淀粉勾芡，淋入剩余香油。

7. 出锅淋在蒸好的豆腐上即成。

下厨心语

① 豆腐内填的馅料要数量一致，使其蒸熟的时间一致。

② 芡汁不要过稀，能均匀地挂住豆腐即可。

咸鱼干蒸豆腐

制法简单，鲜嫩清香。

原料： 盒装豆腐 350 克，咸鱼干 150 克，葱花 1 小勺

调料： 盐 2/3 小勺，色拉油 2 大勺

制作方法：

1. ①盒装豆腐漂洗干净，切成小方块，沥干水分。
2. 咸鱼干用温水泡软，切成小条。
3. 将豆腐块整齐地铺在盘中，②撒上盐和咸鱼干，淋色拉油，上笼用中火蒸 12 分钟。
4. 取出撒葱花即成。

下厨心语

① 盒装豆腐表面有一层黏液，要漂洗干净。

② 每块豆腐上都要撒上咸鱼干，这样蒸出来的味道才好。

酱肉蒸白干

口感筋道，味道鲜香。

原料： 白豆腐干 200 克，酱肉 150 克，葱花 1 小勺

调料： 白糖 1/2 小勺，色拉油 1 大勺

制作方法：

1. 白豆腐干用坡刀切厚片，错开刀口，整齐地铺在盘中。
2. ☺① 酱肉切成薄片，码在白豆腐干上。
3. 撒白糖，淋色拉油，☺② 上笼用中火蒸 12 分钟。
4. 取出撒葱花即成。

下厨心语

① 如酱肉较硬，可先进行焯烫处理。
② 蒸制时间要够长，让酱肉的味道充分渗透到白豆腐干内。

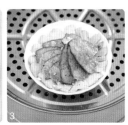

开胃香干

酸辣开胃，质软滑嫩。

原料： ①香干 3 片，酱椒 50 克

调料： 生抽 2 大勺，泡野山椒 20 克，盐 1/2 小勺，胡椒粉 1/3 小勺，色拉油 1 大勺

制作方法：

1. 香干用坡刀切成厚片。

2. 酱椒和泡野山椒分别去蒂，切碎待用。

3. 锅内倒入色拉油烧至五成热，放入酱椒和泡野山椒炒香，加入生抽、盐和胡椒粉调匀成酸椒汁。

4. 将香干片整齐地码在盘中，淋酸椒汁，②上笼用旺火蒸 5 分钟即成。

下厨心语

① 香干选用白豆腐干最佳。

② 蒸制时最好盖上锅盖，以免滴入蒸馏水，影响味道。

清蒸臭豆腐

色泽美观，香嫩咸鲜。

原料： 臭豆腐 8 块，水发香菇、嫩笋、胡萝卜、青豆各 30 克，葱白 10 克

调料： 蚝油 2/3 大勺，盐 1/2 小勺，鲜汤 1/3 杯，色拉油 1/2 杯

制作方法：

1. 🐱① <u>每块臭豆腐表面划十字花刀</u>，摆入盘中。

2. 水发香菇、嫩笋、胡萝卜分别切小丁，同青豆一起放入沸水锅内焯透，捞出沥干水分；葱白切末。

3. 坐锅点火，倒入色拉油烧热，下入葱末炸香，倒入香菇丁、胡萝卜丁和笋丁炒透，加入鲜汤、蚝油和盐炒入味。

4. 起锅浇在臭豆腐上，撒青豆。

5. 🐱② <u>上笼用旺火蒸 15 分钟即成。</u>

 下厨心语

① 臭豆腐划十字花刀，便于蒸制时入味。

② 蒸制时最好盖上锅盖，以免滴入蒸馏水，影响味道。

虾干臭豆腐

口感香嫩，外表美观，富有特色。

原料： 臭豆腐 250 克，①虾干 100 克，酱肉 100 克，葱花 2/3 大勺

调料： 生抽 3 大勺，色拉油 1 大勺

制作方法：

1. 酱肉切成薄片。

2. 虾干用温水洗净；臭豆腐划十字花刀。

3. 酱肉片、虾干和臭豆腐放入盘中摆好造型。

4. 上笼蒸 15 分钟。

5. 取出淋生抽，撒葱花，②浇上烧至极热的色拉油即成。

下厨心语

① 酱肉和虾干必须选择上佳产品，成菜风味才好。

② 色拉油必须烧热，才能激发成菜的香气。

香葱煎豆腐

葱香味浓，芳香诱人，老少咸宜。

原料：豆腐 250 克，小香葱 100 克

调料：盐 1 小勺，胡椒粉 1/3 小勺，色拉油 2 大勺

制作方法：

1. 豆腐切成长方形厚片，🍳① 放入加有胡椒粉和盐的水中浸泡 10 分钟至入味，取出沥干水分。

2. 小香葱择洗干净，切碎。

3. 坐锅点火，🍳② 倒入色拉油烧热，下入豆腐片煎黄煎透后铲出。

4. 锅内余油烧热，放入一半香葱碎炒香，再倒入豆腐片炒匀。

5. 出锅，🍳③ 撒剩余小香葱花即成。

下厨心语

① 豆腐片要泡够时间才能入味。

② 豆腐片煎制时火候不能太大。

③ 小香葱碎一半用于爆锅，另一半出锅时用于调味。

酱香五彩豆腐

吃法新颖，五色鲜艳，酱香味浓。

原料： 嫩豆腐 250 克，猪五花肉丁、胡萝卜丁、杏鲍菇丁、熟玉米粒各 20 克，熟青豆、熟红腰豆各 10 克，鸡蛋 1 个

调料： 👨①干淀粉 1 大勺，排骨酱、海鲜酱各 2/3 大勺，盐 2/3 小勺，白糖 2/3 小勺，水淀粉 2/3 大勺，鲜汤 1/4 杯，色拉油 1 杯

制作方法：

1. 嫩豆腐搅成泥，放入碗内，加入鸡蛋液、干淀粉和 1/3 小勺盐拌匀。

2. 倒进方形容器并上笼蒸熟。

3. 将豆腐取出晾凉，切成手指粗的长条。

4. 锅内倒入色拉油烧至七成热，下入豆腐条炸至表皮酥硬，捞出装盘。

5. 锅内留 1 大勺底油，下入猪五花肉丁炒出油，👨②再下入排骨酱和海鲜酱炒香，加鲜汤后放入胡萝卜丁、杏鲍菇丁、熟玉米粒、熟青豆和熟红腰豆炒匀。

6. 加入剩余盐和白糖调味，用水淀粉勾芡，出锅浇在豆腐条上即成。

下厨心语

① 干淀粉用量不宜太多，否则成菜口感不佳。

② 排骨酱和海鲜酱的用量要够，并且要先用热油爆香。

脆皮素烧鸭

色泽焦黄，质感柔韧，甜鲜略咸。

原料： 豆腐皮 150 克，姜片 10 克，葱段 10 克

调料： 料酒 2/3 大勺，酱油 2/3 大勺，白糖 1 小勺，盐 1 小勺，香油 1 大勺，高汤 1 杯，色拉油 4 大勺

制作方法：

1. 坐锅点火，倒入香油烧热，再下入姜片和葱段炸黄出香，①放入高汤、料酒、酱油、白糖和盐，煮沸后倒入小盆，制成卤汁。

2. ②将豆腐皮一张一张放入卤汁中烫软，叠放在砧板上。

3. 将豆腐皮折成 30 厘米长、6.5 厘米宽的扁长条，制成素烧鸭生坯，上笼用旺火蒸 6 分钟，取出晾凉。

4. 锅内倒入色拉油烧热，下入素烧鸭生坯，煎炸至两面呈金黄色。

5. 取出改刀装盘即成。

下厨心语

① 卤汁要调得略咸一点，豆腐皮才能入味。

② 豆腐皮要趁卤汁热时放入，使其吸足卤汁。

软炸腐竹

色泽淡黄，外软内筋，咸香味美。

原料： 水发腐竹 200 克，蛋清 3 个，面粉 1 小勺

调料： 干淀粉 1 大勺半，葱姜水 1/2 小勺，盐 1 小勺，花椒盐 1/2 小勺，色拉油 1 杯

制作方法：

1. 水发腐竹挤去水分，切成 1 厘米长的短节，
   与 1/2 小勺盐拌匀，腌制入味。

2. 蛋清打散，①加入干淀粉、面粉、剩余盐
   和葱姜水调匀成蛋清糊。

3. 锅内倒入色拉油，②上中火烧至三四成热，
   将腐竹放入蛋清糊内拌匀，用筷子夹出逐一
   下入油锅内浸炸。

4. 待腐竹炸至呈淡黄色且内部熟透时，捞出沥
   干油分装盘，撒花椒盐即成。

下厨心语

① 蛋清糊中加入少许面粉，成菜口感
   更佳。

② 油温不能超过四成热，否则成品达
   不到软炸菜的质量要求。

农家臭豆腐

色泽红亮，外酥内嫩，香辣咸鲜。

原料： 臭豆腐 10 块，蒜片、葱节、葱花各 1 小勺

调料： 豆瓣酱 2/3 大勺，五香辣椒粉 1 小勺，干辣椒碎 1 小勺，花椒数粒，盐 1/2 小勺，鲜汤 1/2 杯，香油 1 小勺，色拉油 1 杯

制作方法：

1. 坐锅点火，倒入色拉油烧至七成热，🐷①放入臭豆腐炸至外表金黄、外脆内嫩时取出。

2. 🐷②将炸臭豆腐摆在烧至极热的铁板上。

3. 锅内留 1 大勺底油烧热，放入干辣椒碎和花椒炒香，下入蒜片、葱节和豆瓣酱炒至熟透。

4. 加鲜汤，煮出味后捞净料渣，加入盐调味，淋香油，出锅浇在炸好的臭豆腐上。

5. 趁热撒上五香辣椒粉和葱花即成。

下厨心语

① 臭豆腐炸制时间不宜过长。

② 将铁板烧得极热，汤汁的味道才能很好地与臭豆腐结合。

脆炸银芽

吃法新颖，外酥咸香，葱味浓郁。

原料： 绿豆芽 150 克，小香葱 50 克，鸡蛋 1 个，面粉 25 克

调料： 干淀粉 2 大勺，泡打粉 1/2 小勺，盐 1 小勺，孜然粉 1/2 小勺，色拉油 1 杯

制作方法：

1. 绿豆芽用温水洗净，沥干水分。

2. 小香葱洗净，切成碎末；鸡蛋打入小盆内，加入面粉、干淀粉、盐、泡打粉和适量水调成稠糊，再倒入 1 大勺色拉油和小香葱末拌匀，制成葱香酥糊。

3. 净炒锅上火，倒入剩余色拉油烧至四成热，①用筷子夹住绿豆芽挂匀葱香酥糊，下入油锅浸炸。

4. ②炸至绿豆芽熟透且外表金黄酥脆时捞出沥干油分装盘，撒孜然粉即成。

下厨心语

① 绿豆芽含水量高，故挂糊时应均匀裹住表面，切不可有裸露面。否则热油从未挂糊处进入内部，会使绿豆芽失水过多，不仅营养流失，而且成菜色泽和口感均欠佳。

② 绿豆芽要急炸以免吐水，成品不够酥香。

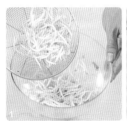

豆芽丸子

色泽金黄，味道清香。

原料： 绿豆芽 200 克，青笋丝、胡萝卜丝、洋葱丝、香菇丝各 25 克，鸡蛋 1 个

调料： 绿豆淀粉 7 大勺，盐 1 小勺，鸡汁 1 小勺，色拉油 1 杯

制作方法：

1. 将绿豆芽、青笋丝、胡萝卜丝、洋葱丝和香菇丝一起放入沸水锅内焯透。

2. 捞出过凉，挤干水分放入盆内，加入鸡蛋液、盐、鸡汁和绿豆淀粉调匀成稠糊状。

3. 坐锅点火，倒入色拉油烧至五成热，用勺子将豆芽糊舀入锅内炸至定型捞出。

4. 待油温升高后再次下入豆芽丸子复炸至呈金黄色，捞出沥干油分，装盘上桌即成。

下厨心语

① 原料的焯烫时间不宜过长。

② 调制豆芽糊时绿豆淀粉的用量不要太多，否则成菜口感不佳。

脆炸豆奶条

色泽金黄，外酥内嫩，味道清甜。

原料：鲜豆浆 400 毫升，鲜牛奶 80 毫升，蛋清 2 个，香瓜片 50 克

调料：干淀粉 4 大勺，盐 1/3 小勺，脆皮糊 200 克，色拉油 1 杯

制作方法：

1. 将鲜豆浆和鲜牛奶倒入小盆内，加入蛋清、3 大勺干淀粉和盐搅匀，取一个净锅倒入，①用手勺不停推炒熟透至呈稠糊状。

2. 出锅摊在抹油的盘子上晾凉，切成 6 厘米长、1.5 厘米宽的条。

3. 坐锅点火，倒入色拉油烧至五成热，将豆奶条均匀地裹上一层剩余干淀粉，②再挂匀一层脆皮糊，放入油锅内炸透至金黄酥脆。

4. 捞出沥干油分装盘，用香瓜片围边即成。

下厨心语

① 豆奶糊一定要炒熟，否则操作时豆奶条易断碎，而且食之粘牙。

② 豆奶条挂脆皮糊要均匀，切不可有裸露面。

小贴士：脆皮糊制法

原　　料：面粉 3 大勺（最好选用低筋粉），干淀粉 3 大勺，泡打粉 2/5 小勺，盐 1/5 小勺，色拉油 1 大勺

制作方法：将面粉和干淀粉放入小盆内，加入泡打粉和盐搅匀，再加入清水调匀成稀稠适度的糊，最后倒入色拉油调匀即成。调制时不可多搅，以免搅拌上劲。

粒粒香豆腐

色泽鲜亮，咸香微辣。

原料： 豆腐 300 克，熟五花肉 75 克，青、红美人椒各 25 克，蒜薹 25 克，姜末 2/3 大勺

调料： XO 酱 2/3 大勺，盐 1 小勺，老抽 1 小勺，白糖 1/2 小勺，香油 1/2 小勺，色拉油 1 杯

制作方法：

1. 豆腐切成 1 厘米见方的丁，⑦①放入烧至六成热的色拉油锅内炸成金黄色，沥干油分。

2. 熟五花肉切成 0.5 厘米见方的小丁。

3. 青、红美人椒洗净去蒂，切圈；蒜薹洗净，切小节。

下厨心语

① 豆腐丁不宜炸得太硬，上色即可。

② 炒制时不可用旺火。

4. ⑦②原锅随 2/3 大勺底油上火烧热，下入熟五花肉丁和豆腐丁煸炒，加入老抽调色，再加入姜末、蒜薹节和青、红美人椒圈，边炒边放入盐、白糖、XO 酱和香油。

5. 炒匀起锅装盘即成。

臭豆腐炒肉丝

肉丝酥嫩，口味独特。

原料： 猪通脊肉 150 克，臭豆腐 2 块，红椒 10 克，香菜梗 10 克，姜丝 1 小勺，葱丝 1 小勺

调料： 玉米淀粉 5 大勺，料酒 1 小勺，盐 3/5 小勺，鲜汤 3 大勺，色拉油 1 杯

制作方法：

1. 🍳① 猪通脊肉切成 6 厘米长的细丝，放入碗内，加入盐和料酒拌匀，腌制 10 分钟。

2. 红椒切细丝；香菜梗切段。

3. 臭豆腐放入碗内，倒入鲜汤调匀成臭豆腐汁。

4. 坐锅点火，倒入色拉油烧至五成热，🍳② 将猪通脊肉丝裹上一层玉米淀粉下入油锅内炸酥，捞出沥干油分。

5. 锅内留 2 大勺底油，下入姜丝和葱丝爆香，放入猪通脊肉丝、红椒丝和香菜段，🍳③ 倒入调好的臭豆腐汁。

6. 快速翻炒均匀，出锅即成。

下厨心语

① 猪通脊肉丝不宜切得太细，否则油炸后口感不酥脆。

② 猪通脊肉丝要复炸一次，将内部水分炸干，入口才会外酥内嫩。

③ 臭豆腐汁加热时间不要过长，以免风味散失。

韭干炒鸡条

色泽素雅，味道咸鲜。

原料： 鸡胸肉 150 克，豆腐干 2 片，嫩韭菜 150 克，蛋清 1 个，葱花 1 小勺，蒜片 1 小勺

调料： 料酒 2/3 大勺，干淀粉 1 小勺，盐 2/3 小勺，色拉油 3 大勺

制作方法：

1. 将鸡胸肉切成筷子粗的条，放入碗内，加入 1/3 小勺盐、蛋清和干淀粉抓匀上浆，再加入 2/3 大勺色拉油拌匀。

2. 豆腐干切成筷子粗的条，放入沸水中略焯，捞出沥干水分；嫩韭菜洗净，切成 3 厘米长的段。

3. 锅内倒入剩余色拉油烧至五成热，下入鸡胸肉条炒至散开变色，再下入葱花、蒜片、豆腐干和剩余盐炒透。

4. 烹料酒，加入嫩韭菜段翻炒入味，起锅装盘即成。

下厨心语

① 锅烧热后再放油，炒鸡胸肉条时就不会粘锅。

② 炒制时如鸡胸肉条和豆腐干条略显干瘪，可倒入适量鲜汤或清水。

香干炒蒜薹

色彩鲜亮，脆嫩清爽，咸香鲜美。

原料： 蒜薹 200 克，香干 100 克，红辣椒、猪瘦肉各 50 克，生姜 10 克

调料： 料酒 2/3 大勺，酱油 1 小勺，盐 2/3 小勺，白糖 1/2 小勺，水淀粉 2/3 大勺，鲜汤 2 大勺，色拉油 2 大勺

制作方法：

1. 蒜薹择去两头，洗净，沥干水分，切成 3 厘米长的段。

2. 🍳① 香干切细条；红辣椒去蒂，洗净去种子和筋，同生姜分别切丝。

3. 🍳① 猪瘦肉洗净切丝，用 1/2 小勺水淀粉拌匀上浆。

4. 锅内倒入色拉油烧热，下入姜丝炝香，再下入猪肉丝煸炒至断生，烹料酒和酱油炒匀，倒入鲜汤煮沸。

5. 放入香干条、蒜薹段、红辣椒丝、盐和白糖翻炒至熟透，🍳② 用剩余水淀粉勾芡，出锅装盘即成。

下厨心语

① 红辣椒、香干和猪瘦肉均切成与蒜薹段粗细相近、长短相等的丝或条。

② 注意勾芡的量，以突出成菜清爽的口感。

雪菜炒豆干

口感丰富，味道咸香。

原料： ①白豆腐干 150 克，鲜雪菜 100 克，猪五花肉 50 克，黄豆芽 50 克，葱花 1 小勺，蒜片 1 小勺

调料： 盐 1 小勺，鲜汤 2 大勺，香油 1 小勺，色拉油 2 大勺

制作方法：

1. 将黄豆芽放入沸水锅内焯至断生，捞出沥干水分；白豆腐干和猪五花肉洗净，分别切成 1 厘米见方的丁。

2. 鲜雪菜洗净，切小段。

3. 炒锅上火，倒入色拉油烧热，炸香葱花和蒜片，下入猪五花肉丁炒至断生，再下入黄豆芽、白豆腐干丁和鲜雪菜段翻炒片刻。

4. ②加鲜汤，调入盐炒入味，淋香油，出锅装盘即成。

下厨心语

① 原味的白豆腐干较熏过的香干做菜味道更好。

② 在炒制时不要倒入过多鲜汤，否则成菜味道欠佳。

鱼香豆腐皮

色泽红亮，鱼香味浓。

原料： 鲜豆腐皮 200 克，胡萝卜、水发木耳各 30 克，大蒜 10 克，生姜 8 克，大葱 5 克

调料： 泡椒 20 克，白糖 1 大勺，酱油 1 大勺，醋 2/3 大勺，盐 1/3 小勺，干淀粉 1 小勺，鲜汤 1/3 杯，香油 1/2 小勺，色拉油 3 大勺

制作方法：

1. 将鲜豆腐皮切成 8 厘米长、0.5 厘米宽的丝。

2. 水发木耳择洗干净，同胡萝卜分别切丝；大葱、生姜、大蒜分别切末；泡椒去蒂，剁成细蓉。

3. 将盐、白糖、酱油、醋、干淀粉和鲜汤在碗内调匀成鱼香芡汁。

4. 豆腐丝焯烫后沥干水分。

5. 坐锅点火，倒入色拉油烧热，①放入姜末、蒜末和泡椒蓉炒出红油，下入胡萝卜丝和木耳丝略炒。

6. 倒入豆腐皮丝和鱼香芡汁，快速翻炒均匀，淋香油，②加入葱末，出锅装盘即成。

下厨心语

① 姜末和蒜末要先用热油炒香；炒泡椒时油温要低一点，才容易炒出红油。

② 葱末应在出锅前加入。

橘香豆干

味鲜微辣，唇齿留香。

原料： 白豆腐干200克，猪五花肉50克，蒜苗10克，橘皮5克，生姜5克，红小米椒3根

调料： 老抽1小勺，盐1小勺，色拉油2大勺

制作方法：

1. 将白豆腐干切成1厘米见方的丁。

2. ①猪五花肉切成1.5厘米见方的丁；②橘皮切丝；生姜切末；蒜苗择洗干净，切碎。

3. 坐锅点火，倒入色拉油烧热，下入猪五花肉丁煸炒至散开变色后盛出。

4. 下入姜末爆香，倒入豆干丁煎炒微黄，③加入盐、橘皮丝和红小米椒翻炒均匀。

5. 加入猪肉丁和老抽炒至上色入味，撒入碎蒜苗，翻匀装盘即可。

下厨心语

① 猪肉丁受热后容易收缩变小，所以要切得比豆干丁大一点。

② 橘皮用量不要太多，否则味道过浓。

③ 要用旺火快速翻炒。

臭干炒金钩

奇香，脆爽，微辣。

原料： 黄豆芽 300 克，臭豆腐干 75 克，鲜青、红尖椒各 1 根，葱花 1 小勺，姜末 1/2 小勺

调料： 盐 1 小勺，香醋 1/2 小勺，色拉油 2 大勺

制作方法：

1. 黄豆芽放入沸水锅内焯透，捞出放入凉水，漂净豆皮，沥干水分。

2. 臭豆腐干切丝；鲜青、红尖椒洗净去种子和筋，切小条。

3. 炒锅内倒入色拉油烧热，下入葱花和姜末炸香，🐾① 再放入青椒条、红椒条和臭豆腐干翻炒至油亮。

4. 倒入黄豆芽，🐾② 加入香醋。

5. 边翻炒边调入盐，炒入味后起锅装盘即成。

下厨心语

① 先用热底油将臭豆腐干炒至吃足油分，才能激出"臭"味；如果不喜欢吃辣味，应在最后加入青、红尖椒条。

② 烹调时加入少量香醋，不仅能更好地保护黄豆芽中的维生素 B_2 不受损害，还可以去除豆腥。

豆豉炒鸭块

鸭肉软烂，咸香可口。

原料： 豆豉 3 大勺，净鸭半只，青椒块 50 克，葱节 10 克，姜片 10 克

调料： 盐 2/3 大勺，花椒数粒，八角 1 颗，色拉油 3 大勺

制作方法：

1. 净鸭剁成 2 厘米见方的块。

2. ❀① 鸭块焯烫后放入高压锅内，加清水、葱节、姜片、花椒、八角和盐，盖上锅盖加热。

3. 上汽后续煮 15 分钟，离火，捞出鸭块，沥干汤汁。

4. 炒锅上火，倒入色拉油烧热，下入青椒块和豆豉炒香。

5. ❀② 加入鸭块翻炒至无水汽，出锅装盘即成。

下厨心语

① 鸭肉焯烫后再烹调，色泽鲜亮。

② 炒制时间要够长，让豆豉的味道充分渗透到鸭肉内。

乳香肉蟹

色红油亮，蟹肉香浓。

原料： 螃蟹 2 只（重约 800 克），红腐乳（连汁）40 克，熟咸蛋黄 3 个，蒜片 1 小勺，葱节 1 小勺

调料： 干淀粉 2/3 大勺，水淀粉 2/3 大勺，料酒 1 小勺，香油 1 小勺，色拉油 1 杯

制作方法：

1. 将螃蟹宰杀后处理干净，剁下两只蟹钳拍破。

2. 再将蟹身剁块，🐾① 拍匀干淀粉，下入烧至六七成热的色拉油锅内炸熟，捞出沥干油分。

3. 熟咸蛋黄压碎；红腐乳连汁搅成糊状。

4. 炒锅内留适量底油重上火位，下入蒜片和葱节炸香，再下入熟咸蛋黄碎炒至吐油。

5. 🐾② 倒入料酒、红腐乳汁和 1 大勺清水，放入蟹块。

6. 待炒匀入味，用水淀粉勾薄芡，淋香油，出锅装盘即成。

🐾下厨心语

① 在蟹块的刀切面拍上干淀粉后再炸，可避免热油直接接触蟹肉，保证鲜嫩度。

② 酱汁中清水的用量要控制好。

软炒豆浆

色泽乳白，滑嫩爽口，风味独特。

原料： 鲜豆浆 300 毫升，蛋清 3 个，鲜虾仁、鲜贝肉、蟹肉各 30 克，夏威夷果仁末 2 小勺，
火腿末 1 小勺

调料： 化猪油 4 大勺，干淀粉 2 大勺，盐 2/5 小勺

制作方法：

1. 将鲜虾仁、鲜贝肉和蟹肉分别切成 0.3 厘米见方的丁，放入沸水中焯烫。

2. 鲜豆浆倒入碗内，😺② <u>加入干淀粉、蛋清和盐搅匀。</u>

3. 😺② 坐锅点火烧热，放入化猪油烧至三成热，倒入豆浆，用手勺不停推炒至熟透。

4. 加入鲜虾仁丁、鲜贝肉丁和蟹肉丁炒匀。

5. 出锅装盘呈山形，撒上夏威夷果仁末和火腿末即成。

😺下厨心语

① 要控制好干淀粉的用量，过多则口感发硬，太少则不易炒制成型。

② 最好用不锈钢锅烹制，以确保成菜色泽洁白。

芙蓉豆腐

色泽靓丽，口感滑嫩，味道咸鲜。

原料： 南豆腐 200 克，鸡蛋 4 个，虾仁 8 个，青椒、红椒丁各 10 克，葱花 2/3 小勺

调料： ①花生浆 1 杯，盐 1 小勺，胡椒粉 1/3 小勺，水淀粉 1 大勺，香油 1 小勺，鲜汤 1/2 杯

制作方法：

1. 虾仁用刀从背部片开，挑去肠线洗净，投入沸水锅内焯熟。

2. 豆腐切成 1 厘米厚、2 厘米见方的片，上笼蒸熟后取出。

3. 鸡蛋打入碗内搅散，加入花生浆、2/3 小勺盐和胡椒粉搅打均匀，②上笼用小火蒸 15 分钟至熟透。

4. 取出，摆上蒸熟的豆腐片。

5. 锅内倒入鲜汤煮沸，放入虾仁和青椒、红椒丁稍煮，加入剩余盐调味，用水淀粉勾薄芡。

6. 淋香油，起锅浇在蒸蛋和豆腐片上，最后撒葱花即成。

下厨心语
① 可按个人口味用牛奶代替花生浆。
② 蒸制时应用小火，时间不宜过长。

韩式嫩豆腐锅

汤色红亮，香辣咸鲜，海鲜味浓。

原料： 嫩豆腐 250 克，蛤蜊 100 克，鲜鱿鱼 50 克，基围虾 50 克，青辣椒、红辣椒各 1/2 根，大葱 20 克，蒜蓉 1 小勺

调料： 淡酱油 1 大勺，细辣椒粉 1 小勺，辣椒油 1 小勺，料酒 1 小勺，胡椒粉 1/3 小勺，盐 1/4 小勺，香油 1 小勺，高汤 2 杯

制作方法：

1. 将嫩豆腐切成 3 厘米见方的块。

2. ❶鲜鱿鱼洗净，切花刀块；基围虾洗净，放入沸水中焯烫后晾凉。

3. ❶蛤蜊放入淡盐水中浸泡 1 小时，吐净泥沙后洗净。

4. 青辣椒、红辣椒和大葱分别斜切成 1 厘米长的段。

5. 砂锅上火，倒入高汤煮沸，加入嫩豆腐、淡酱油、细辣椒粉、辣椒油、料酒、蒜蓉、胡椒粉和盐，炖 5 分钟后放入蛤蜊、鲜鱿鱼块、基围虾、葱段、青辣椒段和红辣椒段。

6. ❷煮至蛤蜊张口时淋香油，上桌即成。

下厨心语

① 各种原料的初加工要细致。

② 加入海鲜原料后不宜久煮，否则成菜口感不佳。

金蒜臭豆腐煲

滚烫香辣，软嫩脆爽。

原料： 臭豆腐 300 克，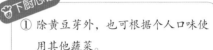①黄豆芽 150 克，大蒜 50 克，小葱 5 克

调料： 干辣椒 5 克，盐 1 小勺，老抽 1 小勺，辣椒油 1 小勺，色拉油 3 大勺

制作方法：

1. 将臭豆腐用温水洗一遍，切成 0.5 厘米厚的片，再用温水洗一遍，沥干水分。

2. 黄豆芽焯烫后沥干水分；干辣椒切短节；大蒜剁成碎末；小葱切碎。

3. 坐锅点火，倒入色拉油烧至五成热，②倒入蒜末和干辣椒节炒黄出香，加入适量开水，加入老抽、盐和辣椒油，煮沸后放入黄豆芽煮至断生。

4. 放入臭豆腐片续煮 3 分钟，撒葱花即成。

下厨心语

① 除黄豆芽外，也可根据个人口味使用其他蔬菜。

② 应多用大蒜并且炒香，突出成菜风味特色。

蘸碟豆花

汤色奶白，豆花细嫩，回味悠长。

原料：嫩豆花500克，鲜豆浆650毫升，小香葱2根

调料：盐1小勺，酱油2小勺，醋1小勺，豆瓣酱2大勺，油辣椒1大勺，香油1小勺，色拉油2大勺

制作方法：

1. 将嫩豆花切成3厘米见方的块，🐾①放入沸水锅内焯透，捞出沥干水分。

2. 小香葱洗净，切碎；豆瓣酱剁细。

3. 净锅上火，倒入鲜豆浆煮沸，放入嫩豆花略煮，加入1/2小勺盐调味，起锅盛入汤盆内。

4. 炒锅上火，倒入色拉油烧热，下入小香葱花炸香，放入豆瓣酱炒出红油，倒入1大勺清水煮沸，🐾②放入油辣椒、酱油、剩余盐和醋调味。

5. 淋香油，盛入小碗内，制成香辣蘸碟。

6. 随嫩豆花上桌蘸食即成。

🐾下厨心语

① 豆花焯烫后既能去除豆腥，又不易破碎。

② 香辣蘸碟调味时加入少许醋以中和辣味，用量以尝不出酸味为佳。

酸辣腐竹汤

味道酸辣，清淡利口，开胃下饭。

原料： 水发腐竹 200 克，黄瓜 50 克，鸡蛋饼半张，香菜 10 克，葱白 10 克

调料： 老陈醋、胡椒粉、盐、姜汁、香油各 1 小勺，色拉油 2 小勺

制作方法：

1. 水发腐竹斜刀切成马耳形，放入沸水锅内焯透，挤干水分。

2. 黄瓜洗净，同鸡蛋饼分别切成象眼片；香菜切末；葱白切细丝。

3. 锅内倒入色拉油烧热，加入胡椒粉略炒，加入适量开水，随后放入腐竹和黄瓜片，旺火煮沸，加入盐、姜汁和老陈醋调成酸辣味，倒入汤盆内。

4. 撒上鸡蛋饼、葱白丝和香菜末，淋香油即成。

下厨心语

① 炒胡椒粉时宜用小火。

② 最好在出锅前再加入老陈醋。

金钩挂玉牌

制法简单，吃法特别，味道美妙。

原料： 黄豆芽 200 克，嫩豆腐 200 克，小青葱 2 根

调料： 辣椒粉 1 小勺，生抽 1 小勺，盐 1/2 小勺，花椒粉 1/3 小勺，色拉油 2 大勺

制作方法：

1. 嫩豆腐切成 5 厘米长、3 厘米宽、0.5 厘米厚的骨牌片，①放入沸水锅内略焯后捞出。

2. 黄豆芽洗净；小青葱洗净，切碎。

3. 辣椒粉放入小碗内，浇入烧热的色拉油搅匀。

4. 加入花椒粉和生抽调匀，撒葱花调匀成蘸汁。

5. 净锅上火，倒入 650 毫升开水，②放入黄豆芽煮至八成熟，加入豆腐片。

6. 加入盐，煮 3 分钟后盛入汤盆，随蘸汁一同上桌蘸食即成。

下厨心语

① 豆腐不要长时间加热，否则容易变硬，口感不嫩。

② 黄豆芽一定要煮至八成熟，以去除豆腥。

酸汤绿豆丸

丸子软嫩，味酸利口。

原料： ☺① 绿豆粉 200 克，白萝卜 150 克，黄豆芽 150 克，紫菜 15 克，香菜末 2 小勺，虾皮 2 小勺，姜丝 1 小勺，葱花 1 小勺

调料： ☺② 陈醋 1 大勺，香油 2/3 小勺，盐 1 小勺半，鲜汤 2 杯，色拉油 1 杯

制作方法：

1. 白萝卜刮洗干净，切细丝；黄豆芽放入沸水中略焯，捞出放入凉水，漂净豆皮。

2. 白萝卜和黄豆芽一起剁碎，挤干水分放入盆内，加入绿豆粉、1 小勺盐和少量清水搅匀成稠糊状。

3. 用手将面糊挤成丸子，下入烧至五成热的色拉油锅内炸熟，捞出沥干油分。

4. 坐锅点火，倒入鲜汤煮沸，加入剩余盐和姜丝调味，再放入丸子煮入味。

5. 加入紫菜和虾皮续煮 1 分钟，调入陈醋和香油

6. 出锅盛入碗内，撒上葱花和香菜末即成。

下厨心语

① 绿豆粉用量不宜太多，否则成菜口感不松软。

② 陈醋定酸味，用量要适当。

图书在版编目（CIP）数据

养生豆腐养生菜 / 格润生活编著 . —— 青岛：青岛出版社，2016.5

（最好的食材）

ISBN 978-7-5552-3634-4

Ⅰ . ①养… Ⅱ . ①格… Ⅲ . ①豆腐 – 菜谱 Ⅳ . ① TS972.123

中国版本图书馆 CIP 数据核字 (2016) 第 040041 号

书　　　名	养生豆腐养生菜	
全案策划	格润生活	
编　　　著	格润生活	
出版发行	青岛出版社	
社　　　址	青岛市海尔路 182 号（266061）	
本社网址	http://www.qdpub.com	
邮购电话	13335059110　0532-68068026	
责任编辑	肖　雷	
文稿编写	牛国平	
摄　　　影	赵潍影像工作室	
插　　　图	宋晓岩	
制　　　版	青岛艺鑫制版印刷有限公司	
印　　　刷	青岛海蓝印刷有限责任公司	
出版日期	2016 年 6 月第 1 版 2016 年 6 月第 1 次印刷	
开　　　本	16 开（710 毫米 ×1010 毫米）	
印　　　张	12	
书　　　号	ISBN 978-7-5552-3634-4	
定　　　价	32.80 元	

编校质量、盗版监督服务电话　4006532017　0532-68068638

印刷厂服务电话 4006781235

建议陈列类别：生活类 美食类